居住建筑室内模型范例 1
模型作者：重庆大学 2017 级建筑学　谢星杰
指导老师：邹华宇

居住建筑室内模型范例 2
模型作者：重庆大学 2018 级建筑学　陈克微
指导老师：杨黎黎

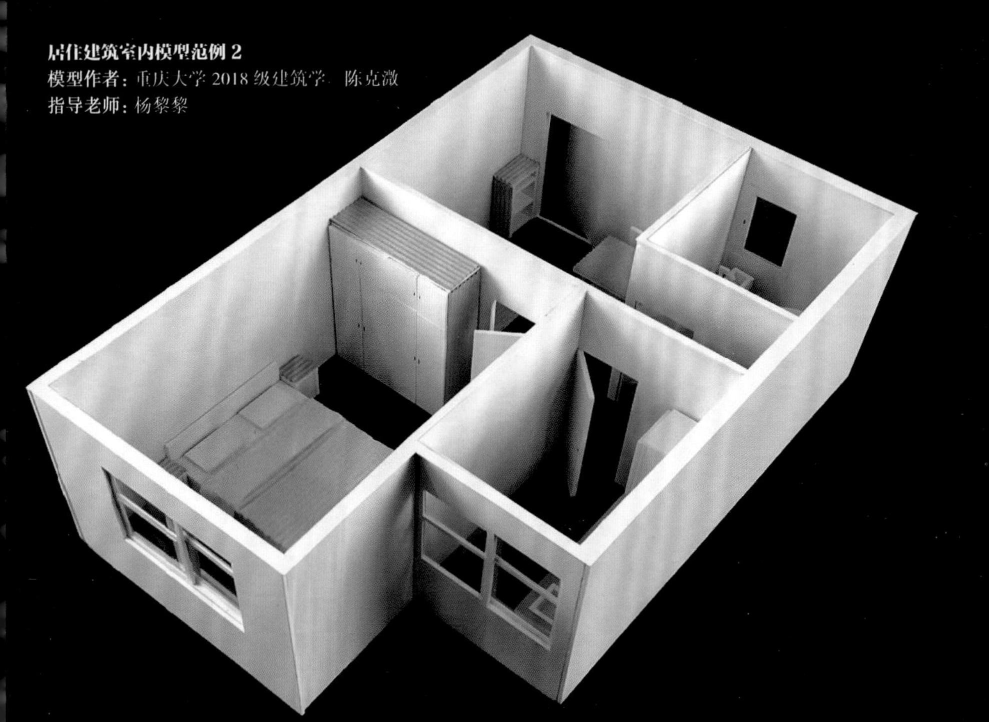

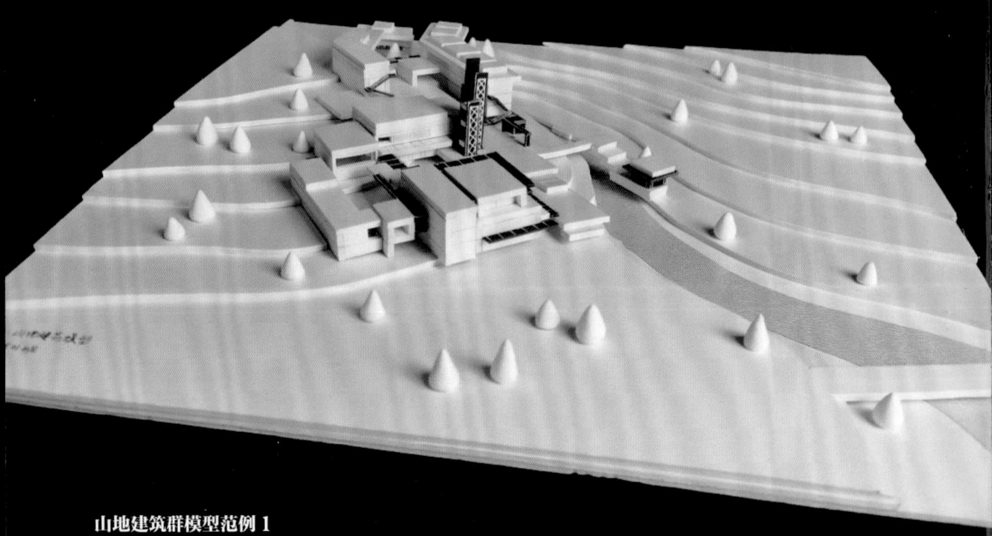

山地建筑群模型范例 1
模型作者：重庆大学 2019 级风景园林学　游玥
指导老师：杨黎黎

山地建筑群模型范例 2
模型作者：重庆大学 2018 级城乡规划学　勾心雨
指导老师：杨黎黎

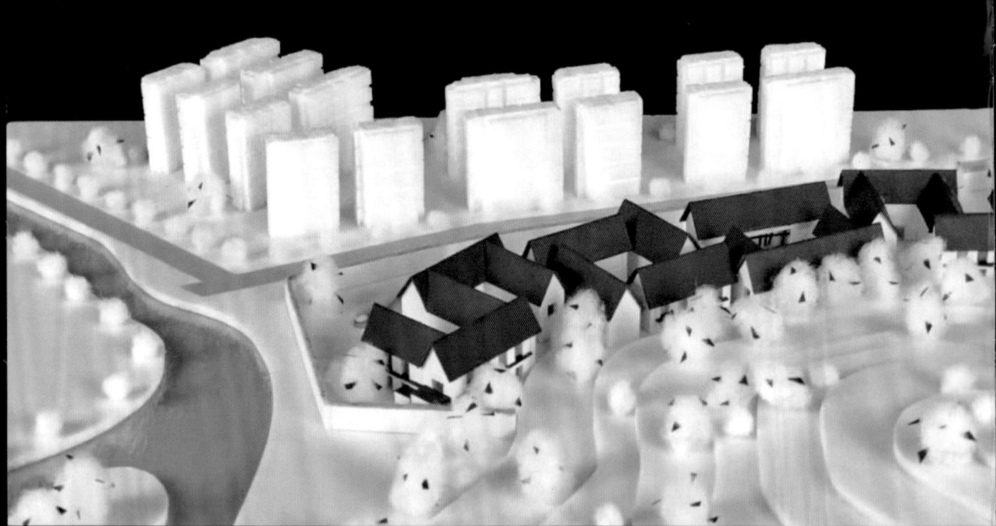

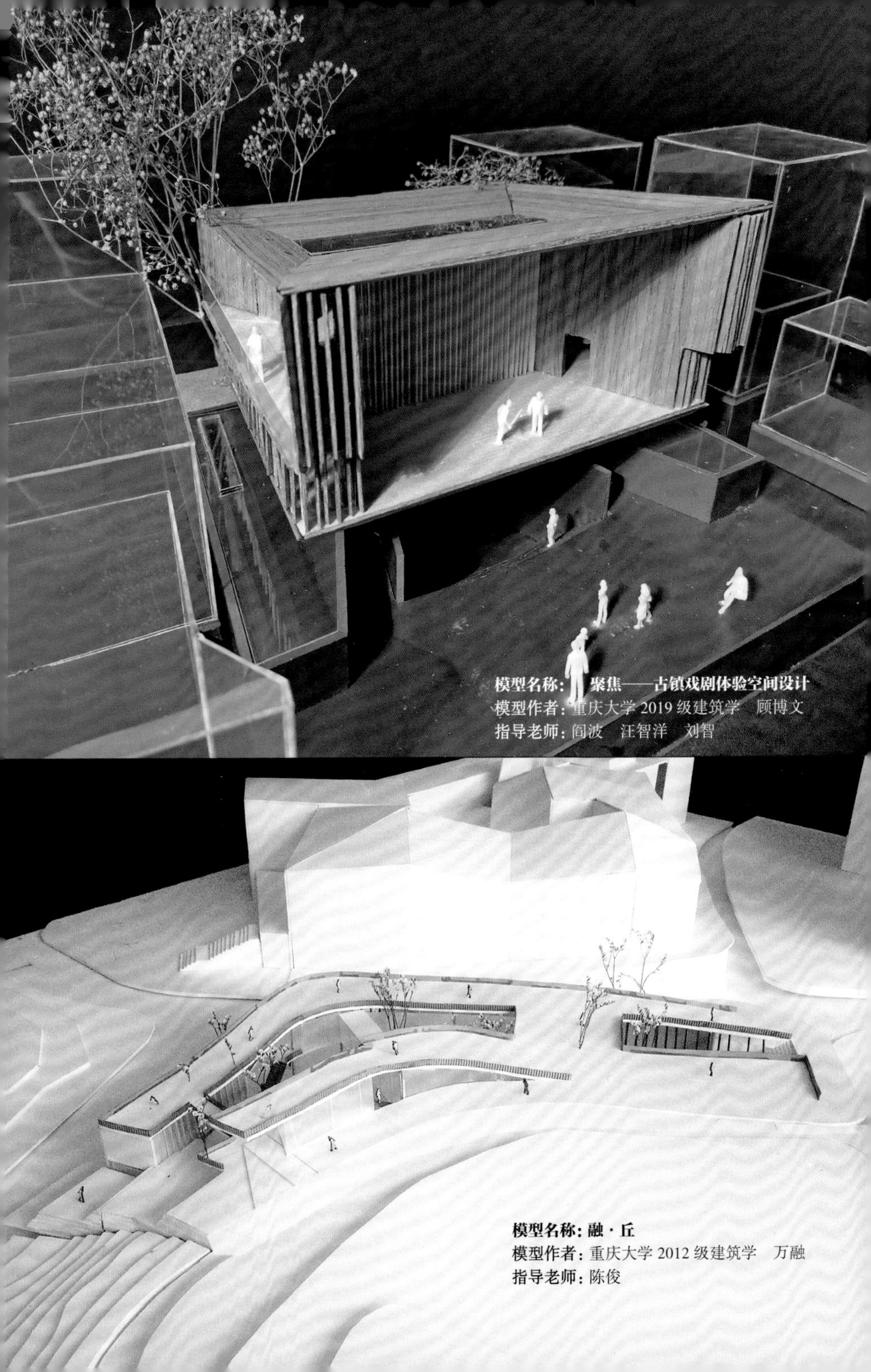

模型名称：聚焦——古镇戏剧体验空间设计
模型作者：重庆大学 2019 级建筑学　顾博文
指导老师：阎波　汪智洋　刘智

模型名称：融 · 丘
模型作者：重庆大学 2012 级建筑学　万融
指导老师：陈俊

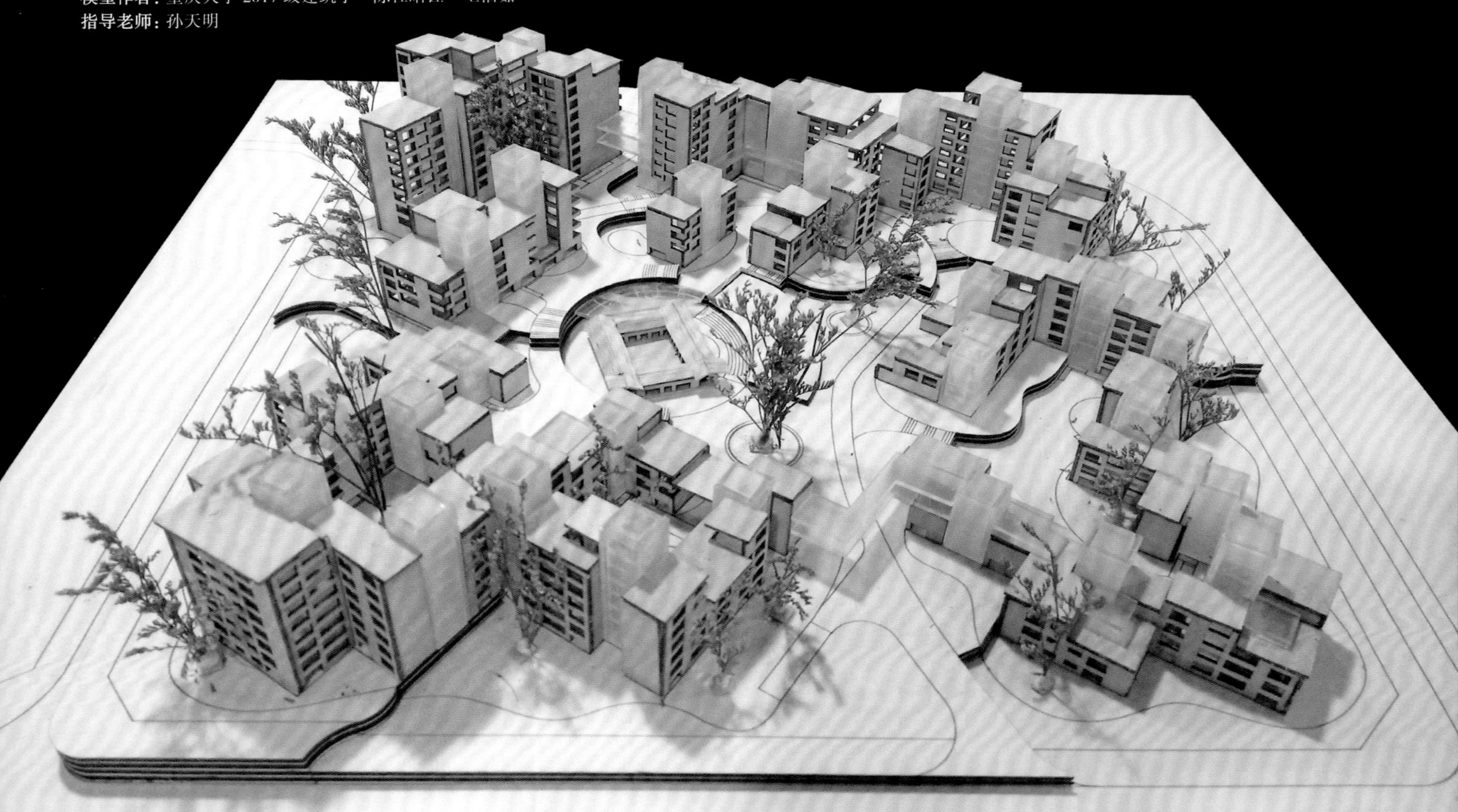

模型名称：魔方联盟
模型作者：重庆大学 2017 级建筑学　陈杜皓钰　王洁茹
指导老师：孙天明

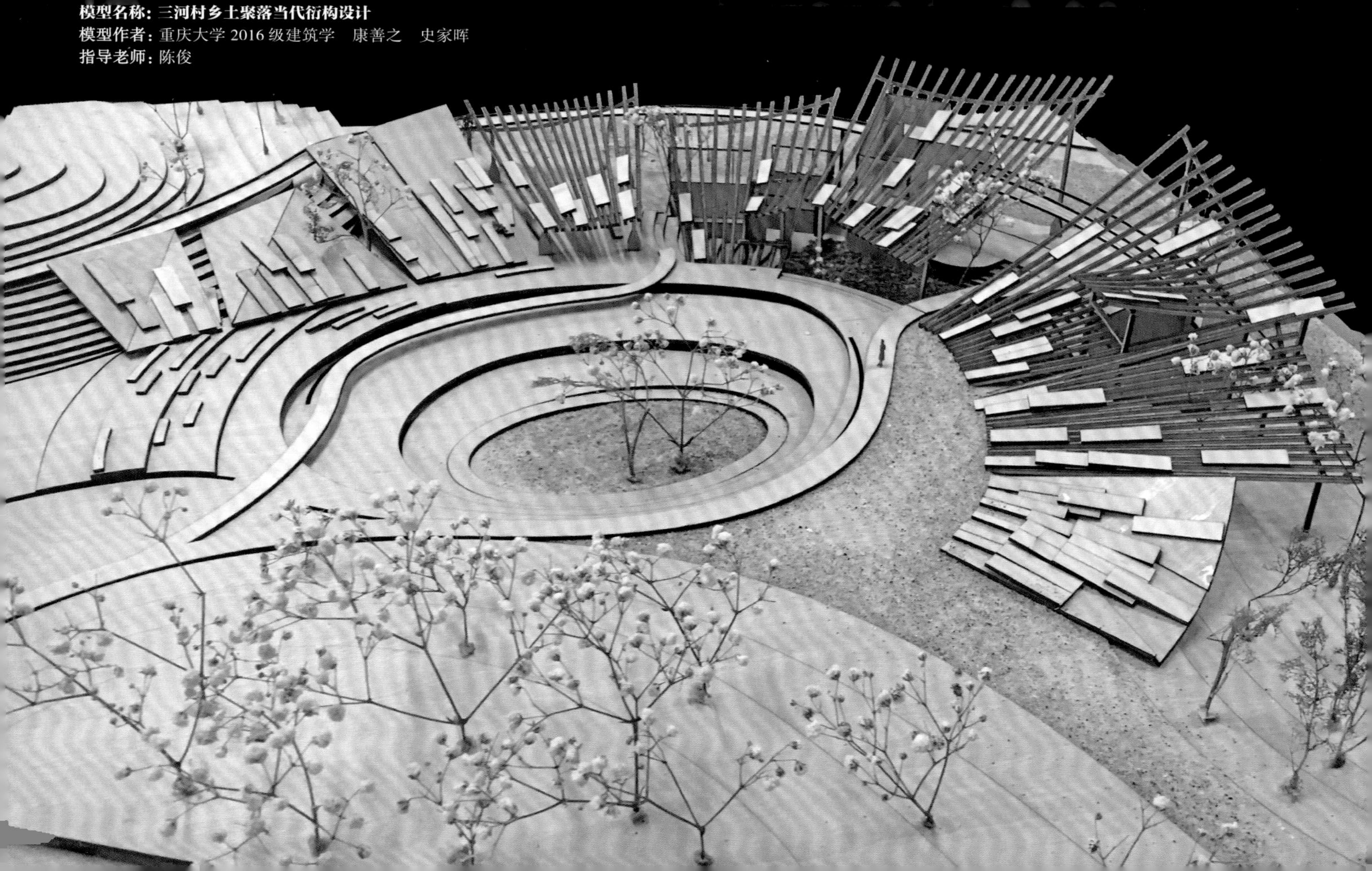

模型名称： 三河村乡土聚落当代衍构设计
模型作者： 重庆大学 2016 级建筑学　康善之　史家晖
指导老师： 陈俊

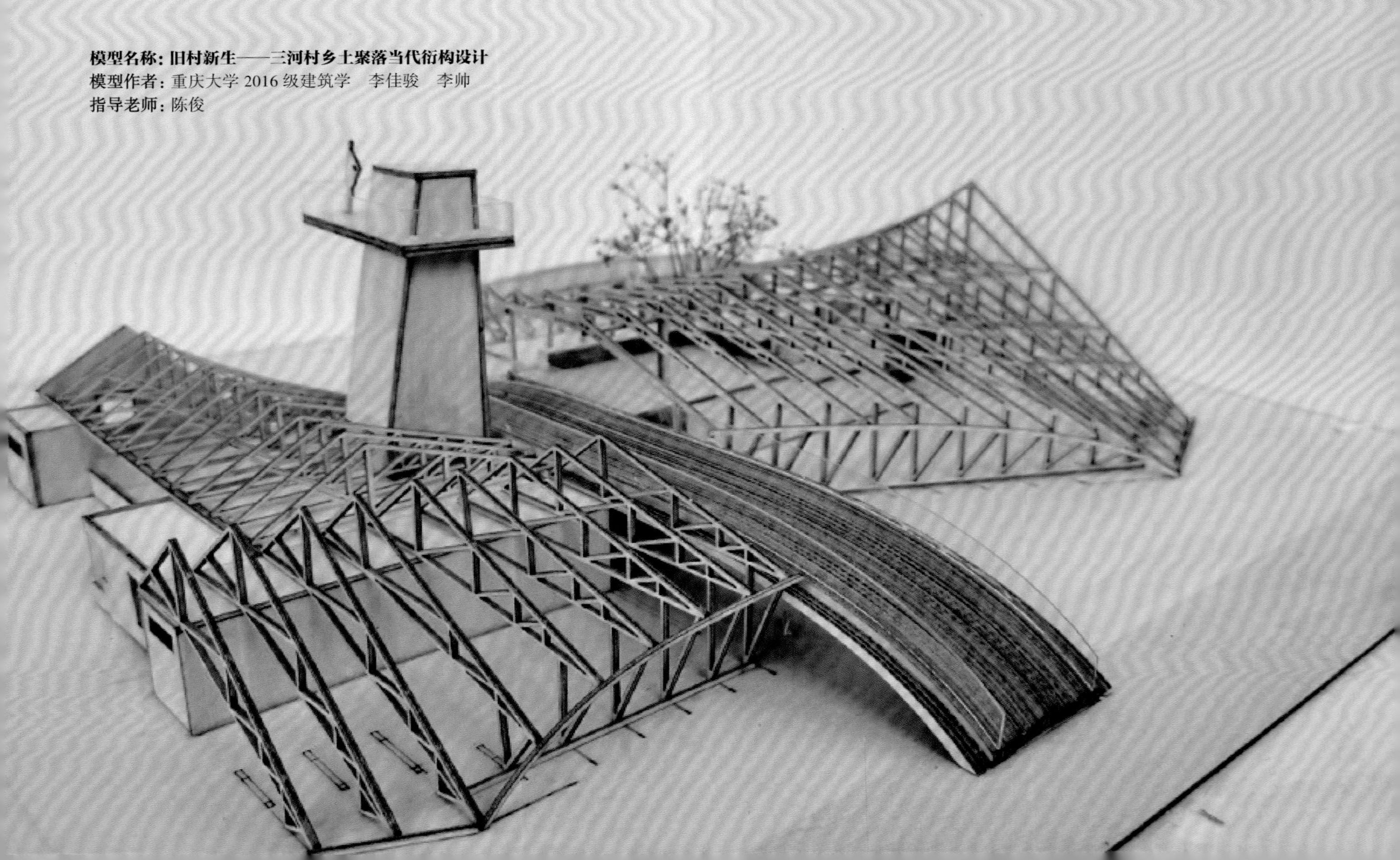

模型名称：旧村新生——三河村乡土聚落当代衍构设计
模型作者：重庆大学 2016 级建筑学　李佳骏　李帅
指导老师：陈俊

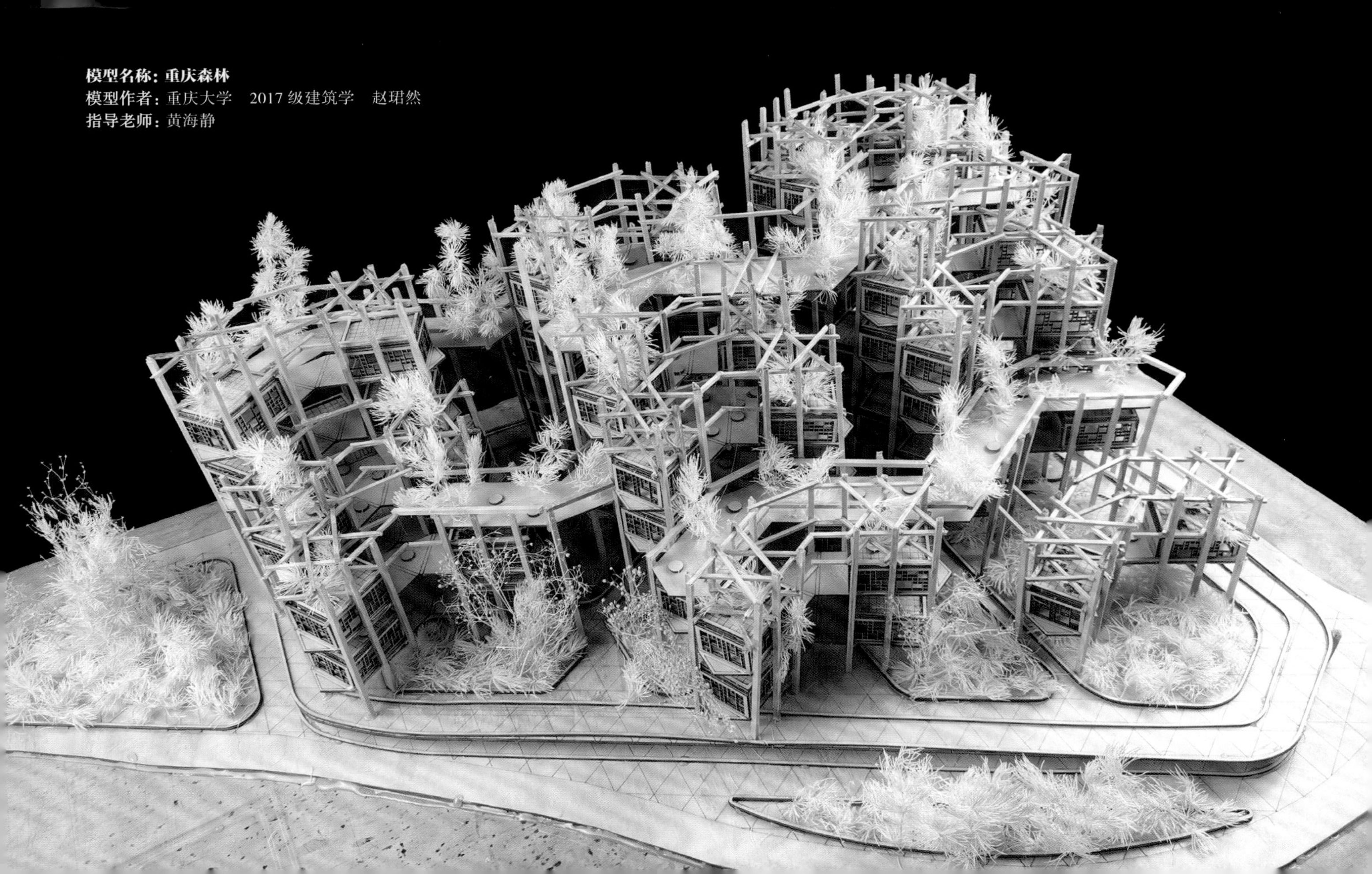

模型名称：重庆森林
模型作者：重庆大学　2017 级建筑学　赵珺然
指导老师：黄海静

模型名称：南岸之门

模型作者：重庆大学　2016级建筑学　幸周澜屹　韩奕晨　许兆毅

指导老师：李骏

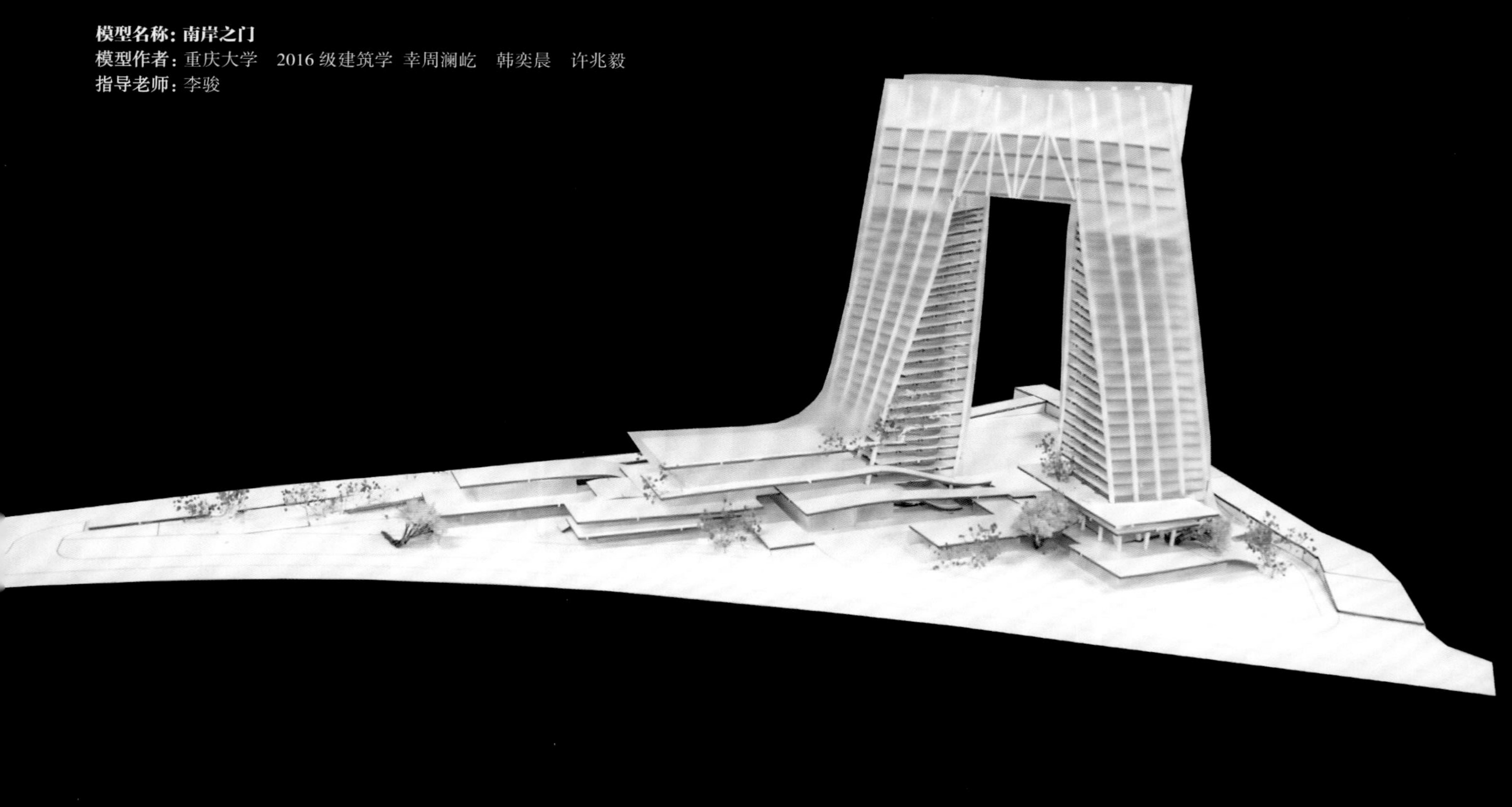

模型名称：crosstage（掀幕·交错）

模型作者：重庆大学 2014 级建筑学 李丹瑞 雷康迪 崔若文 马欣怡

指导老师：王雪松

模型名称：自然对话
模型作者：重庆大学 2015 级建筑学　李仲元、陈鹏宇
指导老师：严永红

建筑模型创作实用手册

重庆大学　组织编写
杨黎黎
谢星杰　编著

中国建筑工业出版社

图书在版编目（CIP）数据

建筑模型创作实用手册 / 重庆大学组织编写；杨黎黎，谢星杰编著 .—北京：中国建筑工业出版社，2021.8

ISBN 978-7-112-26316-5

Ⅰ. ①建… Ⅱ. ①重… ②杨… ③谢… Ⅲ. ①模型（建筑）—制作—教材 Ⅳ. ① TU205

中国版本图书馆 CIP 数据核字（2021）第 134875 号

本书结合了文字、图片、短视频的方式，向初学者详细、生动、系统地展示了建筑模型制作中材料、工具的特性以及比较专业的独立完成模型作品的制作技巧。全书分为四个部分，对应建筑设计方案模型制作中入门、初阶、中阶、高阶的四个难度级别，实用性较强。

本书可作为建筑大类专业学生的教学参考书，也可作为建筑设计人员和模型制作人员的参考用书。

责任编辑：曹丹丹　徐仲莉
责任校对：王　烨

建筑模型创作实用手册
重庆大学　组织编写
杨黎黎　谢星杰　编著
*
中国建筑工业出版社出版、发行（北京海淀三里河路9号）
各地新华书店、建筑书店经销
北京点击世代文化传媒有限公司制版
河北鹏润印刷有限公司印刷
*
开本：850毫米×1168毫米　1/32　印张：5¼　插页：5　字数：171千字
2022年6月第一版　2022年6月第一次印刷
定价：**39.00**元
ISBN 978-7-112-26316-5
（37906）

— 课题研究组成员 —

顾 问 卢 峰 黄海静

组 长 杨黎黎

参研人员 谢星杰 王诗瑾 安嘉宁 赖开锟

余 韬 邬华宇 王思怡 幸周澜屹

前 言

—模型之于建筑—

1982 年发掘于浙江绍兴的春秋伎乐铜屋是现存最早的建筑模型，用青铜镂空制作而成。尽管这种经过艺术加工的模型未必能完全准确地反映民间住宅的具体形制，但它多少能传递一些当时民间建筑的信息。

时至隋代，工部尚书宇文恺先后为隋文帝、隋炀帝推出不少别具匠心的精巧设计，主持修建了许多殿堂台观等建筑。后人在遗留的资料中发现了大量的建筑设计图纸和木制建筑模型。

“一家样式雷，半部建筑史”，清朝雷氏家族在进行建筑方案设计时，为了更直观地展示建筑群建成的效果，已经采用“烫样”的方法模拟完整的建筑形制，按 1/100 或 1/200 的比例先制作模型小样进呈内廷，以供审定。模型用草纸板热压制成，故名“烫样”。其台基、瓦顶、柱枋、门窗以及床榻桌椅、屏风纱橱等均按比例制成。雷氏家族烫样独树一帜，是了解清代建筑和设计程序的重要资料，更是中国古典建筑模型发展的里程碑。

谈及近现代建筑模型的广泛运用，就不得不提到包豪斯现代主义建筑风潮。它强调突破二维平面表现手法的局限，在三维空间对设计进行推敲、修正，完善设计构思，充分探讨材料特性与空间生成、形态特性的关系。包豪斯学派所提倡的建筑风格——简洁的几何形体和精致的机械时代的材料，非常适合通过简单的模型材料和制作工艺充分模拟表达。自此模型便开始作为建筑师推敲方案最重要的手段和方法，影响着建筑行业的发展。

在包豪斯学派影响下的建筑领域，模型大量推广和运用，究其根源还是模型本身所具备的性能优势。绝大多数建筑师的主要工作量，都体现在其设计灵感迸发出来之后，如何实现这个构思，以及如何分毫不差地展示方案效果的过程中。他们在空间的设计和表达当中，希望借助更形象直观的手段来辅助自己推敲设计方案，并展示给公众。在这个过程中，模型扮演的角色可以说是至关重要的。它们是设计师头脑中三维虚拟空间和场景经过双手“编码转译”而成的现实世界实体。三维的建筑模型，是串联建筑师不同工作阶段的线索和核心要义。也就是说，模型作为最直观的表达方式，使得建筑设计的工作更具效率。

建筑模型沿用至今，已逐渐趋于完善和成熟。形式内容丰富多样，可以直观地模拟展示建筑的外观、功能、体量、结构、周边环境甚至文化氛围等。建筑模型运用到的五花八门的材料、实用便捷的工具、琳琅满目的工艺手法等，在辅助表达设计意图的同时，激发了更深更广的设计创意，让表达为设计创意加分。

—模型之于建筑学大类专业教育—

西方是现代建筑的发源地，在近现代的建筑学教育中也一直处于领先地位。被誉为现代建筑学教育发源地的德国包豪斯学校，早年就已将模型教学列入其主要课程，意在强化培养学生的动手能力，利用不同的材料和方法搭建不同的造型，从而提升学生的设计创意和造型能力。我国建筑院校受西方教育体系的影响，从本科一年级开始就注重模型能力的培养，让学生动手制作模型，利用模型来理解建筑空间。

近年来，随着信息化技术的不断发展，计算机三维虚拟模型逐渐取代了实体模型的功能地位，在普及化、指标计算、视图控制等方面更具优势。伴随着新时代的到来，建筑实体模型正面临着前所未有的挑战。

反观历史，我们也可以发现建筑实体模型的重要优势，在未来仍具有无限的发展机遇和可能性：

首先，建筑师的构思灵感和造型活动与材料紧密相关。模型材料模拟建筑材料的质感，对推敲设计的主观意识有很强的客观引导作用。建筑构思的视觉传达、建筑造型的形式构成所要求的真实性、体验感和触感也可以通过实体模型实现。

其次，在模型制作过程中，不断地强调工艺和态度才能做出一件完美的作品。心到、眼到、手到，周而复始，可以说，模型制作的工序正是在培养匠心。工匠精神一定伴随着巧匠思维，“巧”字强调的是思维方式，动手前必须先想好步骤，遇到问题需要灵活处理。

再次，模型制作可以塑造美学修

养。建筑实体模型的制作过程是依据虚拟空间内的二维或三维设计方案，通过创意、材料的选配形成建筑模型制作构想，再对材料进行手工、机械或者数控工艺加工，生成具有转折、凹凸变化的实体三维形态。它是一种造型艺术，依据内在规律，利用不同的材料组合，运用不同的加工工艺，遵循形式美的原则。创作建筑模型过程中的每一个搭建步骤都在提升个人审美意识。

目前国内建筑设计大类专业的教学体系还沿用着 Studio（工作坊）模式，这使得相关专业背景下的学生在方案的设计和表达过程中，一直和建筑事务所的工作模式保持一致，采用实体的概念模型、场地模型、体块模型、空间模型、结构模型等，指导方案推敲、设计深化和成果展示。所有建筑学专业均开设了建筑专业设计基础课程，部分高校还开设了独立的建筑模型技能培训课程，要求学生完成相关建筑模型制作。但在教学中往往发现，学生会不由自主地在模型制作尤其是材料和工艺上花费太多的时间，却没有积极地思考和体会模型与方案二者的内在关联。这种“轻过程，重结果 ”的训练模式很难达到专业设计技能培养的整体要求。

—寻求最适合的模型表现方式—

著名建筑大师安藤忠雄说过:“模型制作没有参考手册”。模型是一种最接近于建筑本身的表现工具。展示模型是一种方案的三维表达，构思模型是对建筑设计意图的充分解读和修正反馈。因此，在了解建筑方案构思的前提下，可以有针对性地指导模型的创作思路，特别是使观赏者从模型的表达中一目了然地获取此设计方案的“亮点”所在，这便是模型最大的成功。

重庆大学建筑城规学院十分重视学生专业基础知识和实践技能的培养，认为大学本科阶段的知识积累只是长期职业生涯中的一个起点，学生还需要通过终生的学习来补充与更新自己的知识结构，以适应知识密集型社会对高素质人才的要求。学院紧紧围绕基础知识强化与创新思维培养两个主题，构建了具有课程设置灵活、知识综合性强、理论联系实际等特点的专业课程体系。本书将其作为研究主线，深入分析并发掘各类专业设计课题的模型制作要求，同时结合模型制作技巧与方法，针对每一类型模型进行一般性总结。以具体的典型案例及其制作过程为核心内容，对模型创作思路、制作步骤、材料与工具、常用技法进行了系统全面的介绍。

本书共分为四个部分，对应建筑设计方案模型制作的四个难度级别：**第一部分为建筑模型入门**，第 1 章依托模型制作基础的教学内容，讲解模型制作的基本知识；第 2 章结合本科一年级构成组合练习的要求，介绍建筑模型的常用材料及加工制作的基础技法；**第二部分为建筑模型初阶**，第 3 章结合二年级场地认知和空间建构设计要求，介绍建筑模型的环境表达；第 4 章结合幼儿园、招待所、社区中心等小型公共建筑设计要求，介绍单体建筑模型的制作技法；**第三部分为建筑模型中阶**，第 5 章依托本科三年级住宅和居住区设计要求，介绍怎样通过模型制作营造典型建筑场景与空间的叙事性和氛围感；第 6 章依托文化建筑的设计要求，介绍异形建筑的多维曲面表皮制作技法；**第四部分为建筑模型高阶**，第 7 章结合中国传统建筑设计要求，介绍古建斗拱结构的构件模型制作技法；第 8 章结合高年级高层建筑、大跨空间设计要求，介绍纵向立体空间高层建筑模型和水平大跨空间建筑模型的结构形式及搭建方法。

全书写作力求通俗易懂、深入浅出，从实用性和普及性方面进行阐述，辅助读者提高方案设计的模型表现水平。本书在编写过程中，得到上海堤旁树科技有限公司和重庆大学建筑学专业教授团队的大力支持与协助，同时重庆大学建筑城规学院师生为本书撰写提供了许多作品素材。正是有了他们的帮助和支持，本书才得以丰富充实，在此表示衷心的感谢。由于编者对模型教学的研究水平尚浅，难免存在误漏和局限之处，敬请专家同行和广大读者提出意见，不吝指教，在此深表谢意。

作为模型制作方面的基础教材，书里的知识只是一个引子，在您想要表达设计、优化设计的目标下，除了掌握书里提供的常规材料、工具等相关知识和制作方法以外，仍需要打破专业思维的束缚和空间想象力的界限，挖掘生活中的其他可能，发挥实验的精神，大胆设想，小心求证。希望本书能引导您进入建筑模型的世界，发现建筑模型的魅力，期待您和我们一起创作更多优秀的模型作品。

目录

LEVEL A 建筑模型入门

LEVEL B 建筑模型初阶

LEVEL C 建筑模型中阶

LEVEL D 建筑模型高阶

LEVEL A
建筑模型入门

第 1 章　模型制作基础

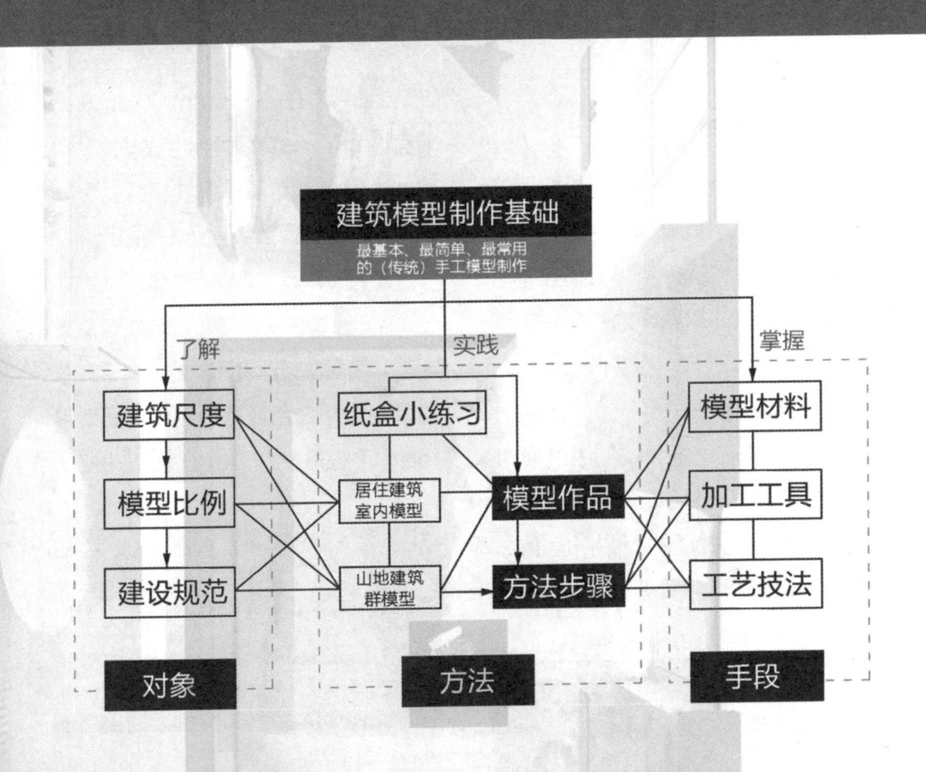

一般而言，建筑学专业一年级的建筑设计课程对模型制作的工艺要求并不高，精细程度很难达到专业水准；同时，初识建筑，模型的尺度和比例严格来说也达不到建筑规范要求。

独立设置的基础实验课——《模型制作基础》正好成为专业设计入门的基础训练，是我们初识建筑学专业、第一次正式接触建筑模型标准化制作的重要练习。

这门课基于建筑传统手工模型常用的三种板塑材料，帮助我们认识最基本的模型材料特性及工具使用方法，了解建筑模型制作的基本步骤、工艺和技巧。

1.1 初识材料与工具

认识材料和工具

1. 基本材料介绍

目前手工制作建筑模型最常用的材料是卡纸板、KT 板和雪弗板。这 3 种材料的特性和优劣势是我们在学习建筑模型制作的初期必须熟悉并掌握的内容。

1）卡纸板

卡纸板俗称“纸面板”，由纸面外层和聚苯乙烯（Polystyrene，缩写 PS）颗粒发泡制成的板芯内层组成，共 3 层，上下 2 层为纸面，中间 1 层为发泡板。厚度在 3 ~ 6mm 之间，常见的有 3mm、5mm 两种。纸面为卡纸，因此表面色彩与质感多种多样，可以表现丰富的饰面效果（图 1–1–1）。

图 1-1-1 卡纸板（纸面板）

■ 优势：纸面色彩花纹丰富，质感好；选择恰当的拼接方式，接口效果美观。
■ 劣势：成本高；必须提前熟练切割技巧，否则断面容易起毛。

2）KT 板

KT 板是由 PS 颗粒经过发泡生成板芯，表面覆膜压合而成的材料。板芯的颜色常用白色或黑色，建筑模型常用的 KT 板厚度为 5mm（图 1–1–2）。

图 1-1-2 KT 板

■ 优势：易加工，质量轻。
■ 劣势：白色偏灰，表皮薄，易破损，质感差。

3）雪弗板

雪弗板又称为 PVC 发泡板（PVC expansion sheet）或安迪板，以聚氯乙烯为主要原料，加入发泡剂、阻燃剂、抗老化剂，采用专用设备挤压成型。常见的颜色为白色和黑色（图 1–1–3）。

图 1-1-3 雪弗板

■ 优势：密度大，断面和表面材质色彩形态接近，容易加工。

■ 劣势：误差呈缝隙状，对成品工艺精细度影响明显，质量较重。

2. 基本工具详解

加工纸塑板会用到美工刀、钢尺、乳白胶和其他一些辅助工具，通过学习需要熟练掌握常用工具的使用技巧，了解其对应材料加工详细的功效。

1）美工刀

制作建筑模型最好选用刀柄稳定、金属刀身（保证刀身硬度和耐久性）、小尺寸（方便抓握和用力）的美工刀具，同时选配斜角为 30° 的刀片（图 1-1-4）。

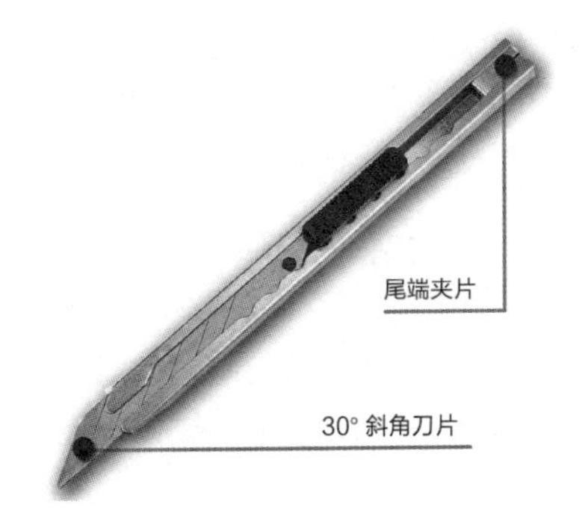

图 1-1-4 常用美工刀

使用过程中，要经常观察刀尖，用钝的情况下，需及时更新刀片。取出刀身尾部的夹片，同时取出刀片，用夹片的切口卡住刀片用钝的端头，顺片身的划线折断，使出现新的刀锋（图 1-1-5）。

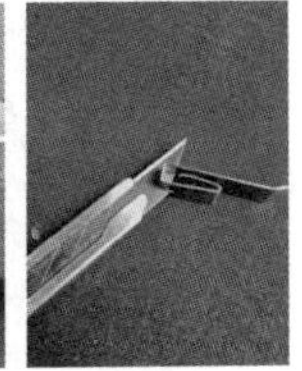

图 1-1-5 美工刀的使用

■ 握刀方式：刀身放在虎口的位置，尽量放平，刀尖到刀身与桌面的夹角尽量小。

使用方法：握刀姿势和握笔一致（图 1-1-6）。切割时食指用力，手腕放松，刀口放平，刀身与纸板面的夹角尽量保持在 30° 左右；刀身侧面靠紧钢尺，与材料平面保持垂直。可适当根据个人习惯的差异调整材料摆放和身体站姿的相对位置。

工具的使用（1）

工具的使用（2）

（a）切割时手腕压平

（b）右手的手肘后侧保证无遮挡

图 1-1-6　刀身与材料的相对位置

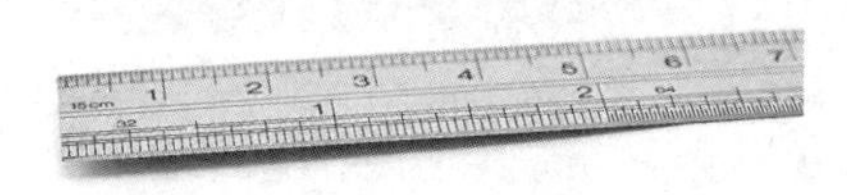
图 1-1-7　钢直尺

■ 由于钢尺的刻线间距为 1mm，而刻线本身的宽度就有 0.1 ~ 0.2mm，因此存在误差，只能读出毫米数。其读数误差在建筑模型制作中可以被忽略。

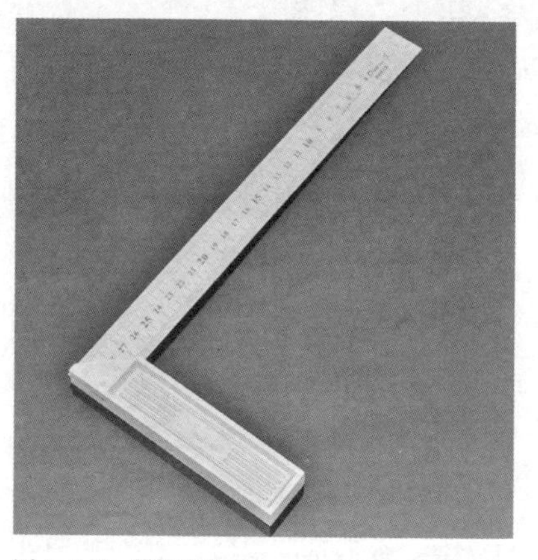
图 1-1-8　镁铝直角尺

2）钢尺

钢尺种类较多，本章重点介绍其中的两种：钢直尺和镁铝直角尺。

（1）钢直尺有 150mm、30mm、500mm 和 1000mm 4 种。在制作建筑模型的时候应该常备 30mm 的钢直尺，在本章的模型制作实验中，还需要准备一根 15mm 的钢直尺（图 1-1-7）。

（2）镁铝直角尺，可简称为角尺或靠尺，是一种专业量具。在建筑模型制作中，用于划线及垂直度检测。为保证每次测量的精确度，防止弯曲变形，使用中应注意轻拿、轻靠、轻放（图 1-1-8）。

我们在使用钢直尺辅助切割材料的时候，需要掌握固定钢尺的手法（图 1-1-9）。

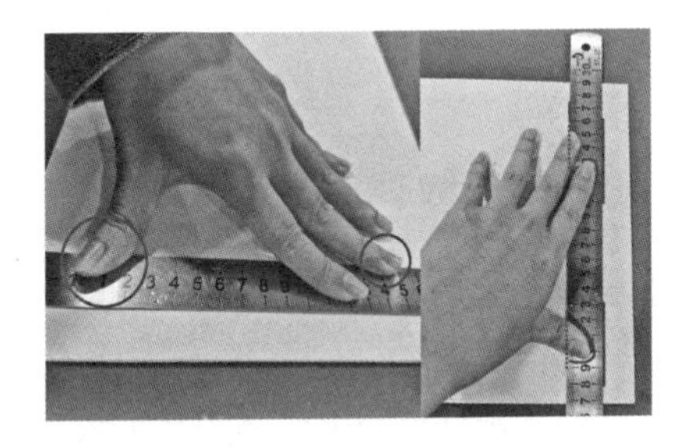

图 1-1-9 使用钢尺图示

■ 1. 用单手固定钢尺，手心拱起，拇指、食指和中指压住钢尺，其他手指轻压在材料上。

■ 2. 拇指和食指不能超出钢尺边缘，以免切伤。

■ 3. 拇指和中指一半压在钢尺上，另一半压在材料上，同时固定钢尺和材料，避免钢尺滑动。

3）乳白胶

乳白胶是水溶性胶粘剂，粘接强度较高，粘接层具有较好的韧性和耐久性，不易老化，适用于多孔材料，如木材、纸张、棉布等。储存时呈白色湿润胶状，固化（干燥）后的胶层无色透明，不留胶痕（图 1-1-10）。

乳白胶能够室温固化，与其他模型胶相比，固化时间相对较长。上胶时必须分两步进行。首先在粘接的两面均薄涂一层乳白胶，根据周围气温，待乳白胶完全固化后形成透明状胶膜（图 1-1-11）；然后在其中任意一面的胶膜上，再次少量多次涂抹一层很薄且均匀的乳白胶。最后把上好胶的两个面对齐按压 20s，完成粘接。

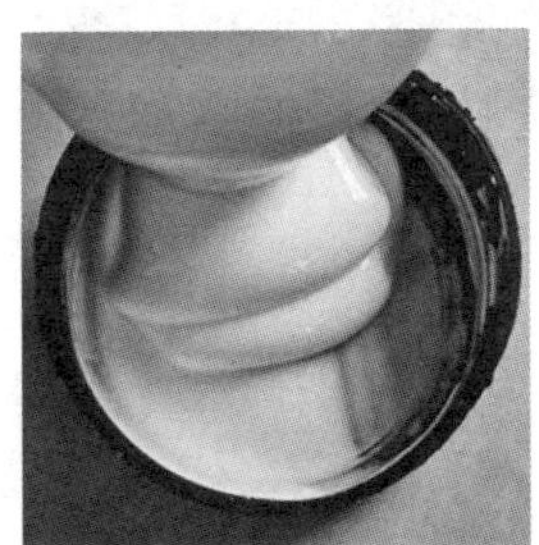

图 1-1-10 乳白胶

图 1-1-11 胶膜图示

4）其他工具

要制作本章的模型，还可能会用到以下工具：勾刀、卡纸刀、45° 斜切刀、比例尺等。我们需要借助工具更好地表现模型的精细度（图 1-1-12）。

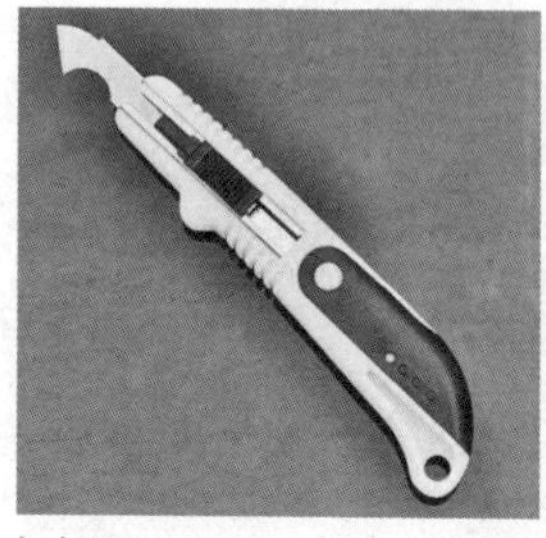

（a）勾刀

（b）卡纸刀

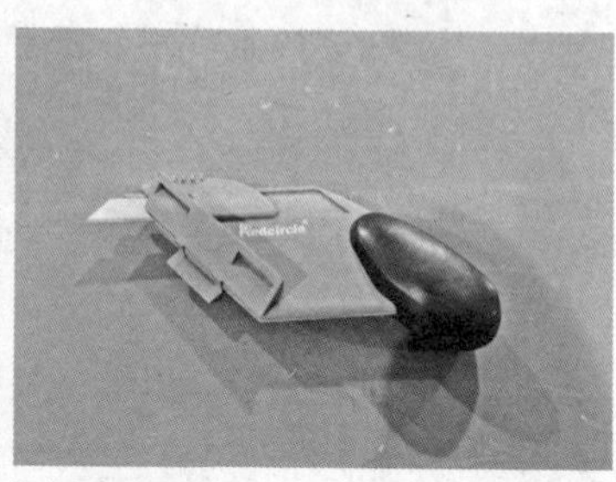

（c）红环 45° 斜切刀

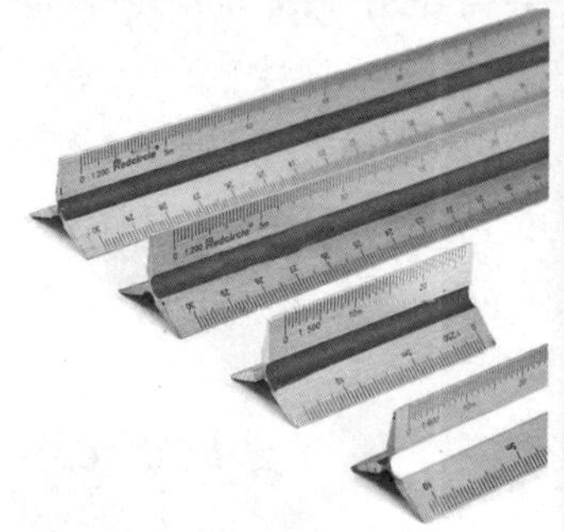

（d）比例尺

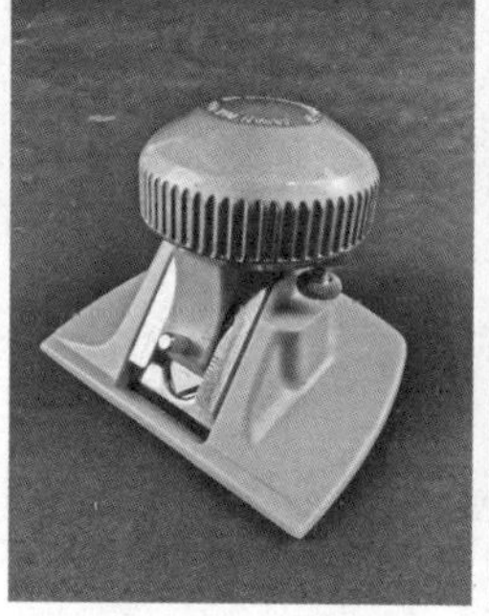

（e）MAT-45P 相框斜面切纸刀

（f）日本产 45° 斜切刀

图 1-1-12　其他工具图示

1.2　小纸盒制作

小纸盒是完成建筑模型制作之前的一个重要练习，针对展示效果相对更好但加工难度较大的卡纸板，做一次材料切割、拼合训练。要求完成一个 10cm 见方的可以开盖的置物盒（图 1-2-1）。

图 1-2-1　实验作品展示

1. 制作要点

（1）掌握纸面板的切割技巧；

（2）掌握乳白胶的用法；

（3）强化下料前的思考（对基料的尺寸、测量的误差、拼接的顺序提前做好预判）。

小纸盒制作步骤（1）

小纸盒制作步骤（2）

2. 实验步骤

Step 1　画线、切割下料（图 1-2-2）；

Step 2　分步上胶，提前涂抹胶膜（图 1-2-3）；

Step 3　粘接底板和四面，完成（图 1-2-4）。

通过这个小练习，我们能知道最常用材料的最基本的制作技巧（视频 1-2-1）。

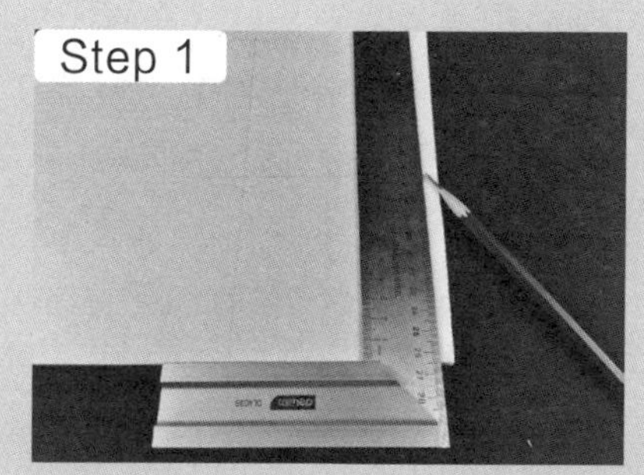

（a）画线，找准基准边

（b）切割，制作 L 形断面

图 1-2-2　画线、切割下料

图 1-2-3　完成底板、顶盖和四面

■ 完成以上制作后，第一遍上胶，待乳白胶固化形成胶膜。

图 1-2-4　完成小纸盒

■ 第二遍上胶，紧压 20 ~ 30s，贴合底板和四面。

1.3 居住建筑室内模型制作

居住建筑室内模型是建筑模型中最基础的手工实体模型之一，通过制作该类模型，不仅能掌握纸塑材料的特性，熟练掌握基本工具的操作方法，同时可以帮助我们更好地理解建筑尺度、人体工学方面的知识。要求制作一个比例1：20，两室一厅一厨一卫的居室平面，同时制作全套家具（图1-3-1）。

图1-3-1 作品展示

模型成品的效果要求比例恰当、做工精细，整体风格、色调统一，家具尺度准确。

1. 制作要点

（1）掌握建筑内部构件和常用家具尺寸。

（2）学会建筑模型比例换算方法。

（3）理解材料拼接的顺序和方法。

（4）熟悉建筑室内模型制作的步骤。

2. 制作步骤

Step 1 **制作底板：**分析图纸，通过比例确定材料和模型的尺寸，底板画线（图1-3-2）。

Step 2 **制作内墙：**找准基准边，按相同高度、不同边长给内墙下料，并开洞（图1-3-3）。

Step 3 **制作外墙：**参考内墙制作方法（图1-3-4）。

Step 4 **拼接：**分步上胶、粘合拼接（图1-3-5）。

Step 5 **饰面：**材料断面装饰，收口、封边（图1-3-6）。

Step 6 **制作家具：**选用适当材料，按人体工学尺度和统一比例制作（图1-3-7）。

（1）

（2）

（3）

（4）

居住建筑室内模型制作步骤

Step 1

(a) 模型制作所需的工具

(b) 在底板上画线

图 1-3-2　分析图纸和底板画线

■ 1. 按照实验要求，选择合适的户型图纸。

■ 2. 依据比例换算模型制作所需的平面尺寸，包括墙体厚度、楼板尺寸等，选择适当厚度的材料（建议使用 5mm 的纸面板作为材料，按照 1：20 比例换算，2 块板厚度正好等于墙体厚度）。

■ 3. 按照 2.7m 的高度和比例换算模型制作所需的墙体高度。在计算高度时应该注意内外墙之间的楼板厚度差。

■ 4. 按墙体中心线尺寸切割下料，制作底板。

■ 5. 在底板上画线，标注内墙和门洞的位置。

■ 6. 分析内墙的结构关系，为不同墙体进行编号，同时可以把墙体交接关系标示在底板上。

Step 2

(a) 步骤（1）

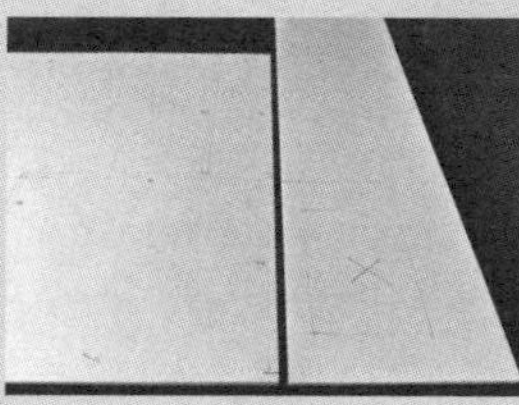

(b) 步骤（2）

(c) 步骤（3）

图 1-3-3　制作内墙

■ 1. 在板材原料上切割一条边，作为基准边；用直角尺依靠基准边，画出墙体高度。

■ 2. 画线、编号；沿基准边依次切割出不同平面长度的墙体；确定墙体高度时，应注意内外墙的高度差；确定墙体长度时，应注意墙体对接和拼合的关系，尽量保证墙面完整性。

■ 3. 根据墙体交接关系，制作 L 形断面；墙体开洞。

Step 3

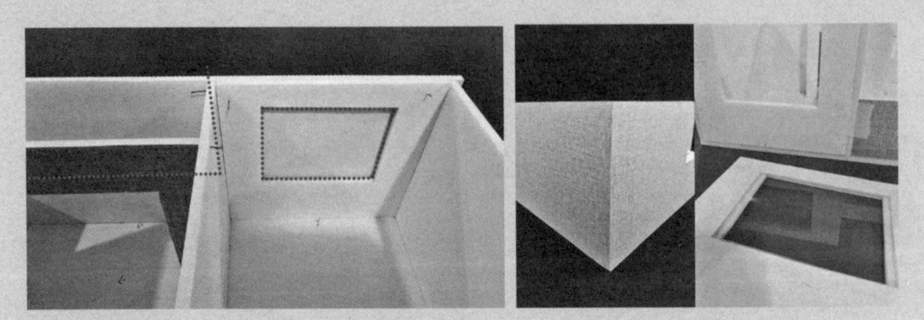

图 1-3-4　制作外墙

■ 下料时外墙的高度比内墙高度高出底板厚度的尺寸；外墙开洞必须和内墙开洞的位置对应；外墙转角接口处，必须通过 L 形断面处理，隐藏材料断面；阳台的高度与普通墙体高度不同，同一方向的外墙尽量保证完整及连续性。

Step 4

图 1-3-5　拼接

■ 1. 拼接内墙，注意粘接时尽量使用乳白胶（其他强力胶容易腐蚀材料板芯），制作过程中临时拼接对位，建议用大头针和纸胶带固定墙体，这样可以及时发现问题，从而更易修正或调整后续材料尺寸，同时还能用大头针和纸胶带进行辅助定位。

■ 2. 围合外墙，内外墙用双面胶粘接。

Step 5

(a) 纸面板顶部断面封边

(b) 制作窗框，门框封边

图 1-3-6 饰面

■ 1. 用卡纸把纸面板顶部的断面全部封起来，转角的位置做成 45° 切角或者 Y 形切角。

■ 2. 用雪弗板制作窗框，内门框使用卡纸封边。

Step 6

图 1-3-7 制作家具

■ 选择雪弗板或卡纸作为材料，注意确保家具尺度合理，满足规范，比例准确。

1.4 山地建筑群模型制作

另一种容易上手的建筑模型表达方式是简单地模拟建筑体量环境，利用最常用的纸塑材料，以较大的模型比例在小尺度下塑造更宏观的建筑体量，帮助我们理解建筑与场地环境的关系。下面利用一个案例演示制作建筑体量和简单环境的方法。模型比例建议取1：300或1：500，模型底板边长控制在60cm左右，场地内考虑纵向10m以上的自然地形高差，建筑面积占比40%～60%，建筑平均层数在3层以上（图1-4-1）。

模型成品的效果要求比例恰当，做工精细，整体风格、色调统一，环境与建筑关系处理得当。

1. 制作要点

（1）掌握建筑外观和场地环境的常规尺寸。

（2）认识地形，了解地形改造的原理和方法。

（3）理解建筑簇群和场地的常用比例关系。

（4）熟练掌握山地建筑群模型制作步骤。

图1-4-1 作品展示

2. 制作步骤

Step 1 读图：选择一个符合实验要求的设计方案，确定平面和立面的尺寸；分析图纸，分环境、建筑和配景确定材料和模型比例（图 1-4-2）；

Step 2 制作地形：绘制等高线，选用 KT 板，用美工刀沿等高线线形切割，地形详细制作教程参考第 3 章（图 1-4-3）；

Step 3 制作建筑（图 1-4-4）：根据比例要求选取 3mm 的雪弗板，通过 45° 斜切方法（图 1-4-5）拼合建筑外墙；适当配色（可选黑色卡纸、牛皮纸、透明有机玻璃等）。鉴于雪弗板的材料特性，建议使用万能胶替代乳白胶；

Step 4 制作配景：铺地（画线、台阶、栏杆等）；常见配景树（泡沫、黏土、干花等）（图 1-4-6）。

Step 1

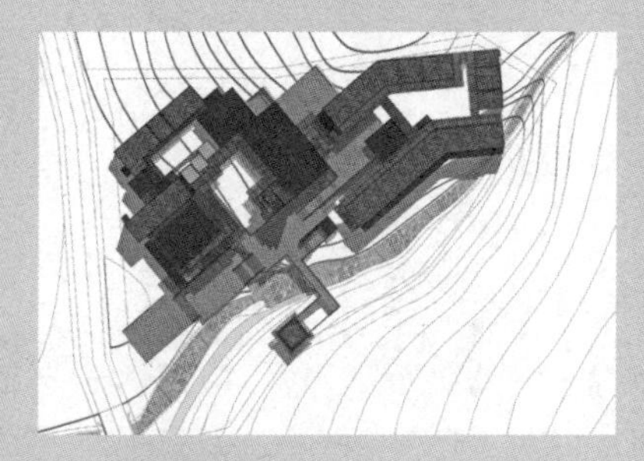

图 1-4-2 读图

■ 选取方案满足两点：1. 已知建筑单体的平面和立面的外观尺寸；2. 已知等高线的高程数据；根据选择方案的用地范围大小确定模型的比例；注意根据确定的比例，选择合适的板材厚度。

Step 2

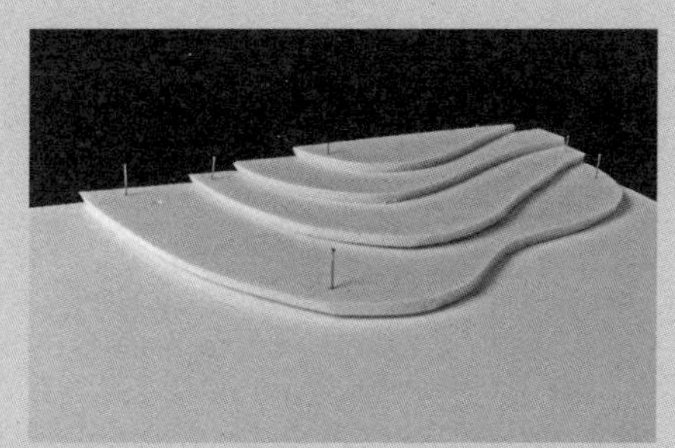

（a）初步制作

（b）标注实线、虚线

图 1-4-3 制作地形

■ 1. 一般选择 KT 板制作地形材料，切割方法参考 1.1 ~ 1.2 节（图 1-1-6）（KT 板易加工曲线，质量轻，可以较好模拟等高线）；用大头针暂时固定做好的完整地形（原始地形），以备后续步骤中依据建筑布局而改造地形。

■ 2. 用实线表示需要改造的地形线，虚线标注出需要改造地形的位置，在完整地形模型上做好标识。

Step 3

（a）楼板、内墙、外墙的制作

（b）部分建筑完成效果示意

图 1-4-4　制作建筑

■ 1. 选用 3mm 的纸面板或雪弗板制作建筑外形；抽象出建筑的立面造型特征，下料时用 45° 斜角切割的方式制作建筑外墙，同时考虑屋顶女儿墙的高度和地形高差关系等细节的处理。

■ 2. 拼合时先做每一层的楼板，然后做起到结构支撑作用的内墙，每层完成后，再围合外墙，保证立面外墙的完整性。

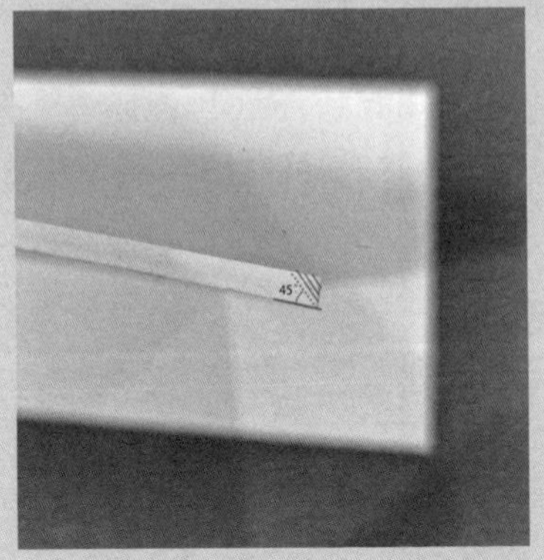

（a）少量多次切削

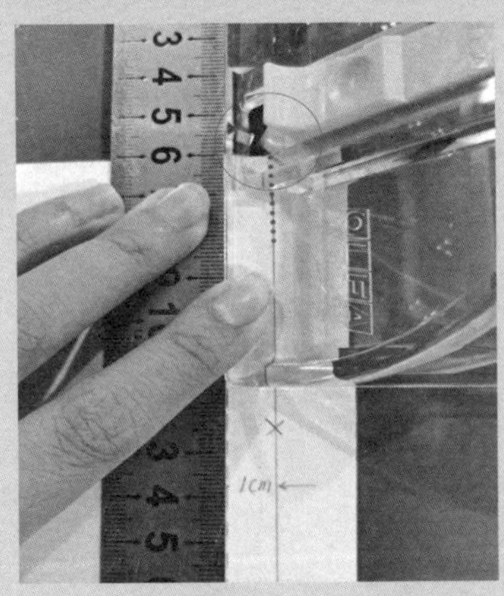

（b）借助 45° 斜切工具切割

图 1-4-5　45° 斜切方法演示

Step 4

图 1-4-6　制作配景树（详见 3.2 节）

第 2 章　构成训练模型制作

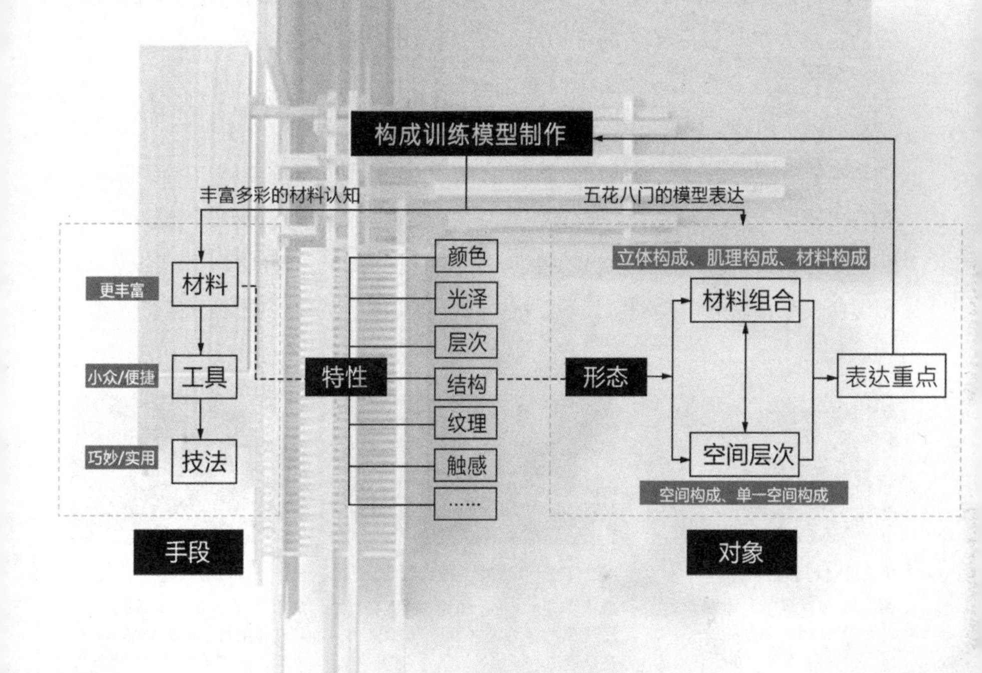

建筑学专业一年级专业设计课——《建筑设计基础》的启蒙课题之一，就是构成组合训练。依据虚拟空间内的二维或三维设计方案，通过创意、材料的选配形成模型制作的构想，再对材料进行手作加工，生成具有转折、凹凸变化的实体三维形态，完成构成组合训练。

构成是一种造型艺术，实体模型是最有效的表现手段，模型能体现设计作品的颜色、光泽、层次、结构、纹理……表达美的同时，体现个性，阐明结构和空间逻辑。

开始制作前，我们需要明确构成的对象是什么，是材料的组合还是材料围合而成的空间？这些都建构在对材料的认知上，因此这里有必要对材料、工具的相关知识做拓展性详细介绍。

2.1 常用材料拓展

建筑学专业教育体系中，构成训练分为几大类，包括三大基本构成，即平面构成、立体构成、空间构成，以及色彩、肌理、材料构成等。其中立体构成、空间构成和材料构成都需要制作模型。这类训练的关键是要了解手中的材料，如何通过材料的特性和组合关系，表达设计创意。下面按照分类，拓展介绍几种第1章模型材料以外的常用模型材料。

1. 纸类

做模型的纸有卡纸、牛皮纸、瓦楞纸（波纹纸）、玻璃纸、硫酸纸、皱纹纸、镭射纸、植绒纸（草皮纸）、砂纸等（图2-1-1～图2-1-4）。

图2-1-1　彩色卡纸

■ 表面细腻光滑，厚薄均匀，塑型建议选用300g以上的卡纸，尺寸种类多，厚度一般为0.5～3mm，主要依靠美工刀、手术刀、单双面刀片、雕刻刀和剪刀等工具切割，可切折。

图2-1-2　瓦楞纸（波纹纸）

■ 分单层和多层，图为5层瓦楞纸。瓦楞纸的波浪越小越细就越坚固。具有弹性、韧性和凹凸的立体质感。与瓦檐、阶梯具有相似的结构性。注意瓦楞纸具有方向性。

图2-1-3　皱纹纸

■ 作为最重要的装饰纸之一，具有鲜艳的色彩，皱纹的触感，不规则的纹理，反映出特殊的视觉感受，可以模拟水、植物、瓦片、毛石墙等。在构成组合练习中，可以令人联想到粗糙、障碍、缓慢的造型和空间感受。

（a）硫酸纸

（b）牛皮纸

（c）植绒纸（草皮纸）

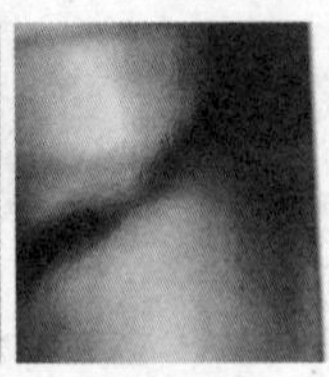

（d）镭射纸

图2-1-4　其他纸类材料

牛皮纸可以贴在PVC板上，它的纹理感可以体现抽象材质，有各种厚度可供选择。

硫酸纸可以用于制作简易的膜结构，与大头钉结合使用，还可以展示出不同的效果，可塑性较强。

纸质材料加工方法通常有剪、刻、切、挖、雕、折、叠、粘等。粘贴材料常用乳白胶、双面胶或PU模型胶。

2. 木材

构成训练常用的木材一般为加工后的木料：软木条、轻木板、航模板、软木板、夹板、装饰板材、贴面板（胶合板）、木纤维纸板、薄木片板等（图2-1-5～图2-1-9）。

木材加工方法通常有切割、锯、钻、磨、雕、粘、捆、榫卯等，常用乳白胶和木工胶粘合。

图2-1-5　软木条

■ 软木条有各种尺寸，和大多数木料一样，都具备自然纹理，材质结构细致，易切削加工，易粘合，易着色及涂饰，具有一定的抗腐蚀性能及受气候影响变化小的自然特性。

图2-1-6　轻木板（椴木板）

■ 图为3mm椴木板，有一定硬度，木纹均匀、美观，价格较高。

图2-1-7　航模板

■ 图为不同厚度的航模板，材质为泡桐木，质地很软，密度很小。

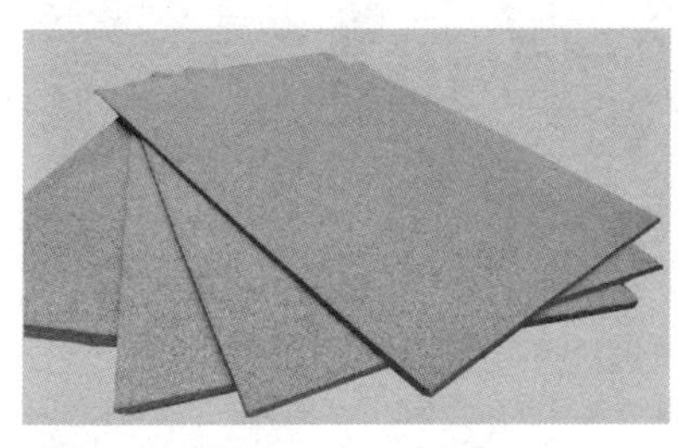

图2-1-8　软木板

■ 木材粉碎后压缩加工成的软木材，常用于表现不同等高线的地形关系。

（a）冰糕棍

（b）木片

图2-1-9　其他木材

3. 竹材

竹作为模型材料，最常用到的是竹竿、竹筒、竹篾。细竹竿和宽度较窄的竹篾常用于构成组合训练，竹筒的尺寸较大，通常用于材料建构课题实验（图 2-1-10 ~图 2-1-12）。

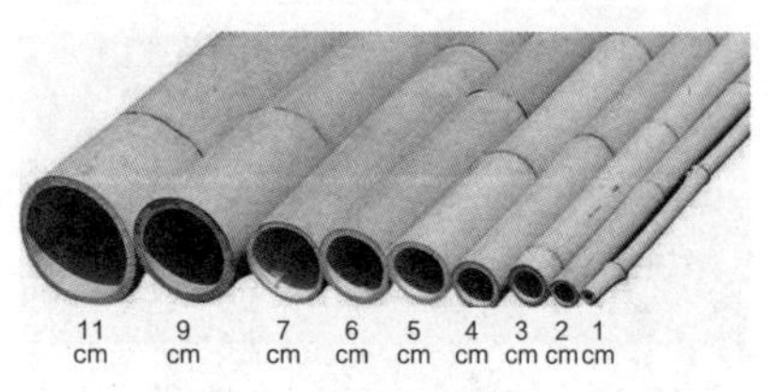

图 2-1-10　竹竿

■ 图为各种尺寸的毛竹竿。

图 2-1-11　竹篾

■ 竹篾可以根据模型制作的需求，改变宽度尺寸，较易加工。竹篾在沿原料的生长方向有韧性，可以弯曲。和大多数竹材一样，表面色彩会随着氧化程度发生变化，具有一定的抗腐蚀性能，受气候影响变化小。

（a）竹筒（销竹打眼）

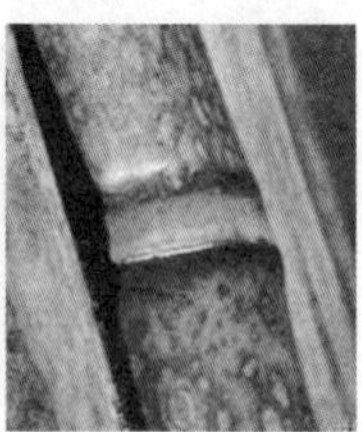

（b）竹筒加工而成的竹篾

图 2-1-12　其他竹材

竹材加工方法通常有切割、劈、磨、刻、销竹打眼、捆绑、编织等。

4. 硬质塑料

制作模型时应用最多的材料是热塑性塑料，包含 PVC（聚氯乙烯）板、ABS 板、普通塑料（PE）板、有机玻璃和亚克力（PS & PMMA 聚苯乙烯）板、各种形式的 PP（聚丙烯）板等。

其中，PVC 板分为硬 PVC 板、软 PVC 板和 PVC 透明板。建筑模型中常用硬 PVC 板，弯曲性较有机玻璃大，美工刀可以刻穿，可以使用剪刀轻松剪裁，粘接性好，其颜色种类丰富，透明色和烟色可以用于表现窗户玻璃，银色和金属色可以用于表现金属板。但面饰层不够细腻，不易着色（图 2-1-13）。

软 PVC 板容易变脆，不易保存；PVC 透明板调度高，透明，无毒无污染，质地软，质感差，可以少量用作模拟窗户内嵌式玻璃，不适合做大面积玻璃幕墙的模型材料。

图 2-1-13　PVC 板材（硬 PVC 板）

ABS 板强度、刚度及表面硬度高，不易划伤，冲击韧性好，广泛用于专业模型公司制作建筑模型（图 2-1-14）。

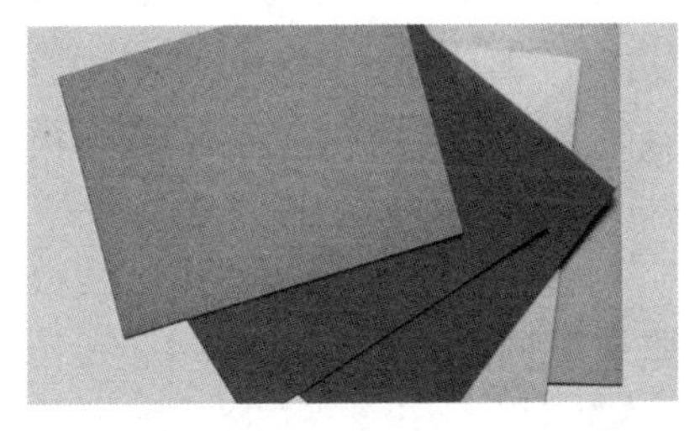

图 2-1-14 ABS 板

有机玻璃板俗称亚克力板，拉伸性能优良，具有导电、抗静电性能，无毒，抗冲击性能优良，色彩丰富，易于喷漆或粉饰，成本较高。透明有机玻璃适合模拟玻璃幕墙（图 2-1-15）。

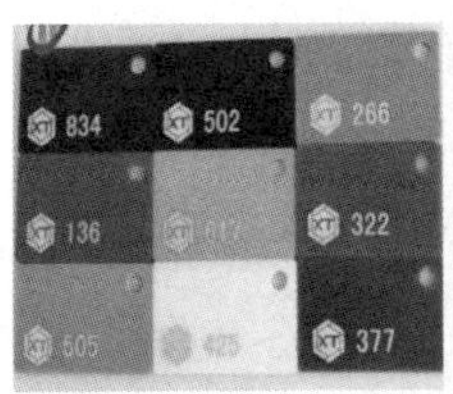

（a）彩色亚克力板

（b）有机玻璃（透明材质 + 保护膜）

图 2-1-15 PS 板

PE 板适用范围等同于有机玻璃，但强度很低，表面光滑，不易加工。

PP 板具有较低的热扭曲温度（100℃）、低透明度、低光泽度、低刚性，但是具有更强的抗冲击强度，强度随乙烯含量的增加而增大（图 2-1-16）。

（a）PE 板（塑料片）

（b）彩色中空 PP 板

图 2-1-16 其他硬质塑料

塑料材质除了常用的板材以外，还有很多不同种类的管材，包括丙烯酸树脂棒、塑料管（PS）、ABS 管、丁酸树脂管等，形状上有方形、圆形和三角形的不同切面，色彩也有所不同（图 2-1-17）。

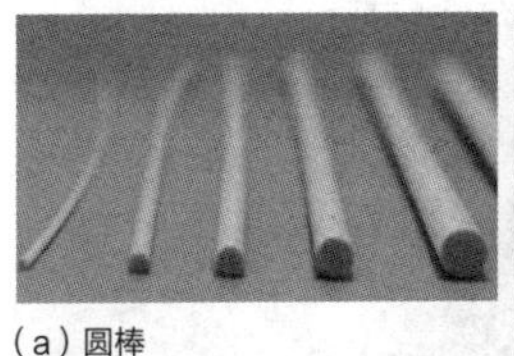

（a）圆棒

（b）圆管

（c）方棒

图 2-1-17 ABS 管

ABS 材质多为白色塑料棒（管），切面形状较多，具有一定韧性，可以自由弯折；丁酸树脂管色彩比较丰富；亚克力塑料棒（管）有彩色和透明两种，硬度更强（图 2-1-18、图 2-1-19）。

（a）ABS 工字形切面棒

（b）ABS 扁棒

（c）亚克力三角形切面透明棒

图 2-1-18　不同形状的塑料棒

（a）亚克力彩色塑料管

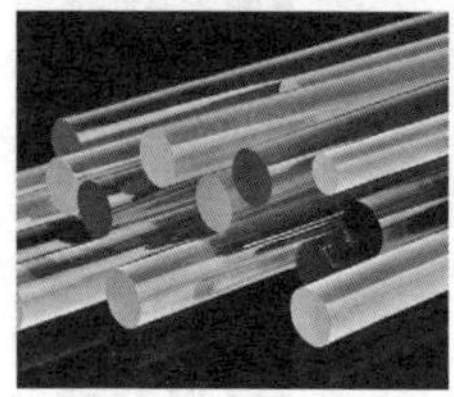
（b）丁酸树脂管

（c）亚克力彩色导光棒

图 2-1-19　其他塑料棒（管）

5. 发泡塑料

发泡塑料的合成元素和硬质塑料一样，但加工工艺不同。常见的发泡材质有保丽龙泡沫（PS 发泡）、挤塑板（EK 板）、PU 发泡板、雪弗板（PVC 发泡）、KT 板（PS 发泡）等。

保丽龙泡沫，又名苯板，经聚苯乙烯（EPS）珠粒加热发泡成密度小、可用手工或热熔切割机进行造型加工的轻质材料。其成本低，有一定的可塑性，颗粒质地可见，抗压强度小，不易着色（溶于普通溶剂涂料）（图 2-1-20）。

图 2-1-20　保丽龙泡沫

挤塑板发泡密度大，可用手工或专用切割机进行造型加工，甚至可以通过打磨的形式对造型进行精加工，常用作建筑外墙保温材料，亦可用于建筑模型或工业产品模型制作（图 2-1-21）。

图 2-1-21　挤塑板

■ 材质轻，泡沫细腻，抗压强度大，可塑性强，造价高，其本色以蓝灰色为主，不易着色。

硬质发泡 PU 又称钢性泡沫塑料，聚氨酯材质，结构细密，密度均匀，表面较光滑，具有良好的加工性，不变形、不收缩，适用于制作精度高的模型，造价较高（图 2-1-22）。

图 2-1-22　硬质发泡 PU

雪弗板（见第 4 章）以聚氯乙烯为主要原料，加入发泡剂、阻燃剂、抗老化剂，采用专用设备挤压成型。该材料硬度较高，目前在建筑模型制作中，较 KT 板材料性能具有明显优势。

6. 捏塑类

目前市面上常见的用于建筑模型制作的捏塑材料有石膏、纸黏土（区别于面土、陶土等）、超轻黏土、橡皮泥等。

石膏易于成型和加工，易于表面涂饰，易塑形，可与其他材料结合使用，也常用于翻模复制，为制作塑料模型的模压成型翻制阴阳模（图 2-1-23）。

石膏凝固的时间、密度、气孔率和机械强度与水的比例、水温、搅拌时间、搅拌速度及搅拌均匀度密切相关。水量越少，搅拌时间越短，水温越高，凝固越快，气孔率越低，膏体密度越大，强度越高，后期加工难度越大。

图 2-1-23　石膏粉

石膏除了用于塑造建筑物的异形墙面，还可以制作建筑沙盘，通常用雕塑刀、刮刀、铲刀进行修正，同时需要准备塑形布、黏粉、颜料、泡沫等辅助材料。

纸黏土有多种颜色，无毒，不黏手，柔软性好，可塑性强，便于修改，接触空气会自然风干，干透以后便不能再改变形状，干燥后较轻，可以上色（可涂上水彩或广告色），固化后图案能长时间保持原样，不变形，不干裂（图 2-1-24）。

超轻黏土是纸黏土的一种，又叫太空泥，捏塑起来更容易，更舒适，

图 2-1-24　纸黏土和超轻黏土

更适合造型，是一种兴起于日本的新型环保、无毒、自然风干的手工造型材料，主要运用高分子材料发泡粉进行发泡，再与其他成分混合制成。该类材料常用于制作山地的地形（图 2-1-25），缺点是收缩率大，在使用该材料时，应考虑后期尺度的误差。

图 2-1-25　超轻黏土模拟地形

橡皮泥是油性泥，有刺激性气味，所以制作中加入大量香味剂，表面比较油润，颜色较暗，且不纯，容易脏，拉伸强度较低。橡皮泥作品不能长期保存，会干裂损坏，加水或遇热会变软，可重复使用（图 2-1-26）。

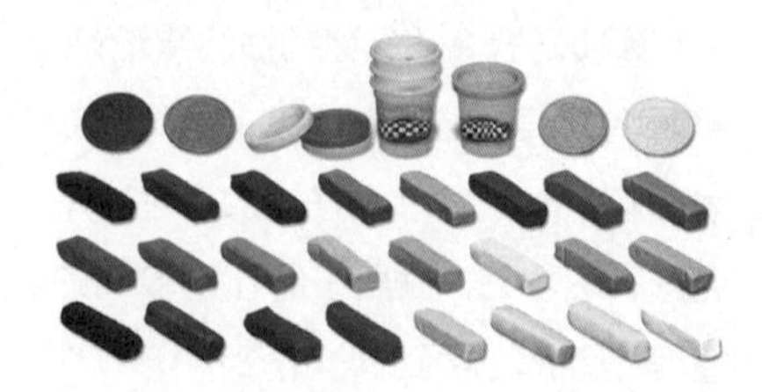

图 2-1-26　橡皮泥

7. 金属类

金属材料相较于其他材料，加工难度更大，很少作为主材大面积用于建筑模型，一般用于建筑物某一局部的形态模拟（图 2-1-27 ~图 2-1-29）。

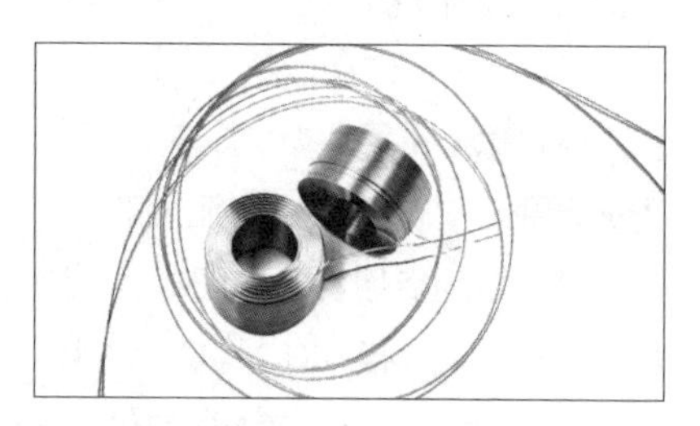

图 2-1-27　金属线材

■ 金属线材材质多样，有电线圈、钢琴丝、不锈钢丝、铜丝、镍银丝等，可以用剪刀或钳子切断，细金属丝弯折后可以表现植栽。

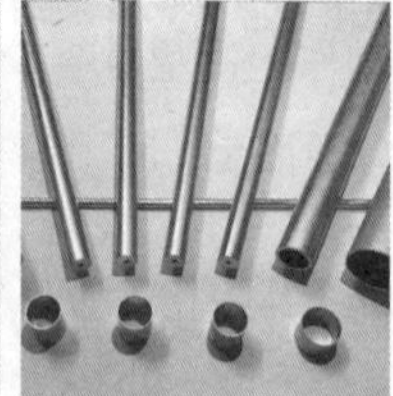

图 2-1-28　金属管材

■ 金属管材有各种管径和长度的黄铜棒（多种断面形状棒、方管、圆管）、铜棒（圆棒、管）、铝棒（方管、圆管、圆棒）；用手锯或机械加工。

（a）薄铝板

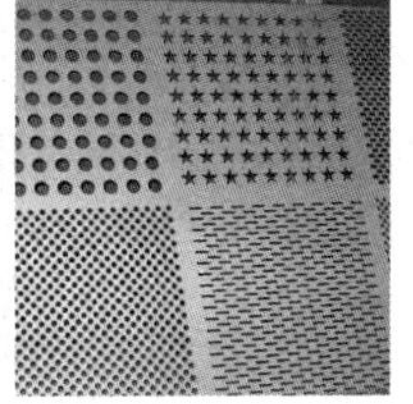
（b）冲孔铝板

图 2-1-29　金属板材

■ 用于模型制作的金属板材有薄铝板、冲孔铝板、铜板、不锈钢板以及铝质冲网板、白铁皮、锡箔纸等。薄铝板厚度有 0.15 ~ 0.2mm，铜板厚度有 0.1 ~ 0.5mm，不锈钢板厚度为 0.1mm。

制作模型的金属材质一般包括由钢、铜、铅、铝、镍等金属制成的线材、管材、板材，可以根据各自不同的硬度和用途，达到不同的表现效果。

由于金属材料的加工对工艺和模具的要求较高，加工方式包括弯曲、切割、焊接、热熔、冷却、刻凿、上色、研磨等，手工制作很难满足加工精度的要求。因此，我们可以采用型材或替代品，经过简单的加工处理模拟金属质感。例如用纸面板打底，涂金属色颜料或贴金属色面纸；用石膏做底，用锉刀平滑处理表面，再用电镀喷漆喷涂模拟金属质感等（图 2-1-30）。

8. 线和绳

线和绳由于自身结构强度的限制，主要作为装饰性材料。线以棉麻为原料，根据粗细和色彩不同，可以表达

图 2-1-30　涂料、装饰贴膜

■ 从左至右：金色丙烯颜料、金属感贴纸、电镀喷漆。

图 2-1-31　线在构成中的表达

的效果也截然不同（图 2-1-31）。

线的色彩十分丰富，视觉冲击力很强；线材比较柔软，捆绑在有硬度的材料上，可以很好地模拟弯曲的线形和曲面的效果，容易形成规律的表皮肌理（图 2-1-32）。

麻线（绳）常与竹木等自然材质结合使用，能很好地体现出天然、淳朴的造型效果和生态环保理念。

绳还可以在制作分解模型的时候用于固定模型构件。

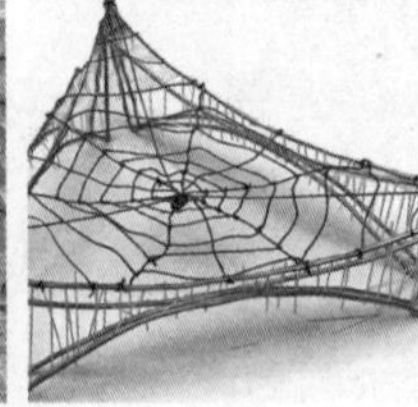
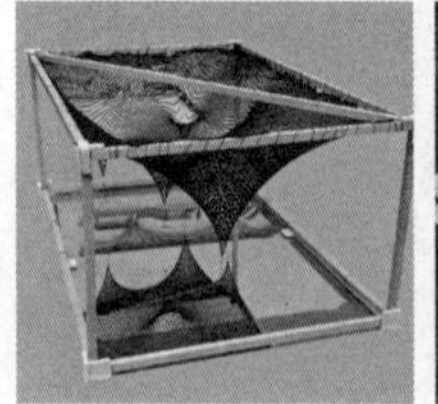
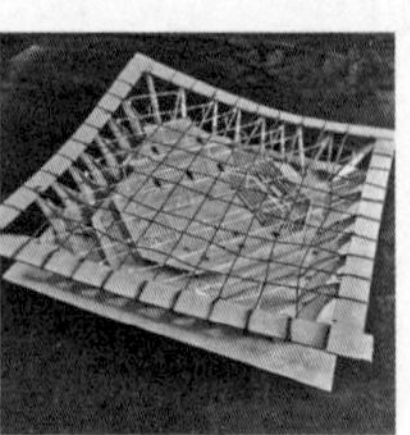

图 2-1-32　五花八门的线材表达

2.2　常用工具拓展

完成构成练习时，除了常用到垫板、美工刀、钢尺、卷尺、量角器、角尺等工具（见第 1 章）以外，针对不同材料，还有很多能提高材料加工效率的专用工具。

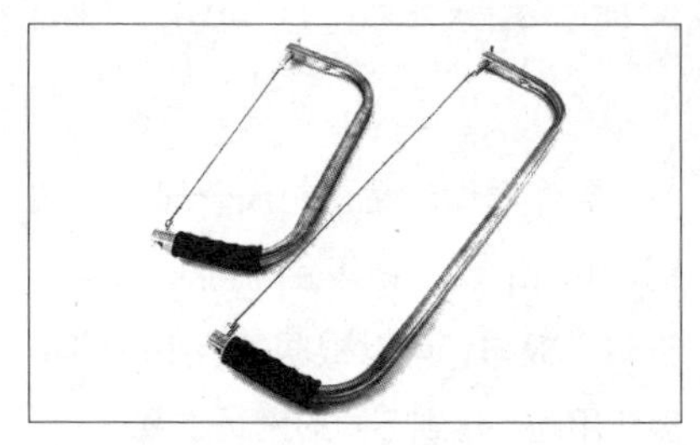

图 2-2-1　线锯

1. 线锯（钢丝锯）

线锯是利用“绳锯木断”的原理设计出来的对脆硬材料进行切割的一种锯，适用于木板、硬质塑料材料等（图 2-2-1）。

线锯的锯条可拆卸，穿于事先打好的孔洞中，用夹具把材料固定在工作台上，单手握锯，另一只手固定材料，让锯条在材料中间位置锯切（图 2-2-2）。

锯条上的齿纹呈螺旋状分布，受力比较均匀，用力方向基本不受齿纹方向的影响，使用中可任意转向，来回推拉、均匀用力即可锯断材料，切

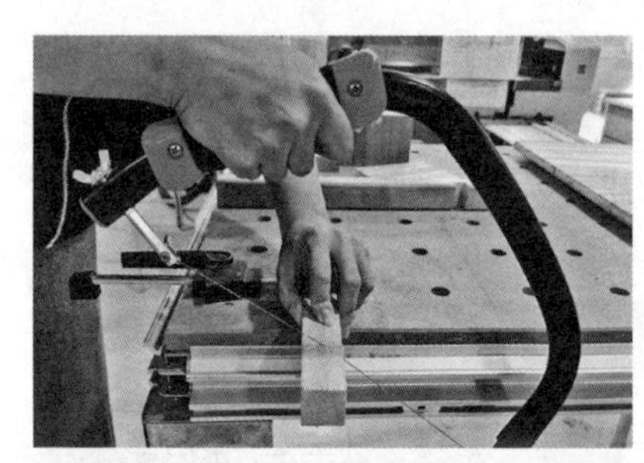

（a）线锯切割示意

（b）线锯挖孔示意

图 2-2-2　线锯的使用

割速度快，且锯路较小。

2. 木工台和夹具

作为木工必备的工作台案，大部分木工台自带夹具，也可配置其他夹具（图 2-2-3）。

使用夹具固定材料时，要注意材料的方向和固定位置，二者都要顺应切线和受力方向（图 2-2-4）。

（a）木工台：榉木桌 153×63×85（cm）

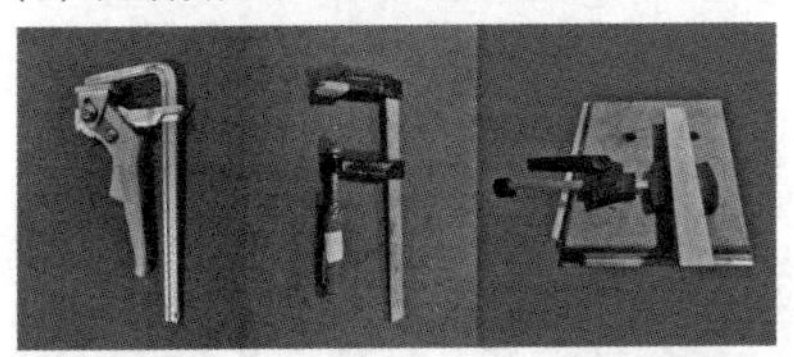

（b）各种不同型号种类的夹具，其中有一些与工作台配套

图 2-2-3 工作台和夹具

图 2-2-4 操作示意

3. 勾刀

勾刀是比较常见的模型工具，适用于切割硬质塑料类板材，常用于切割有机玻璃和亚克力板。

使用勾刀时要注意切割点准确受力，沿切线朝同一方向用力，不用切透，切到厚度大约一半左右，折断材料（图 2-2-5）。

图 2-2-5 勾刀的使用

■ 使用勾刀时，注意受力点的位置，力量集中在刀头下角，使其均匀滑过材料表面，沿画线朝同一方向切 3 ~ 5 刀，材料厚度切掉一小半，把材料放置在桌面边缘，用力折断，可以使材料切割面整齐。根据模型精细度的要求，还可以对材料切断边缘进行进一步打磨。

4. 45° 斜切刀

45° 斜切刀适用于雪弗板和厚纸板，常用于对垂直相接板材的接口处理。

市面上有很多种斜切刀，在使用图 2-2-6 所示斜切刀时，注意刀片与靠尺的相对位置，画线时要考虑二者有 1cm 的间距（图 1-4-5）。靠尺要选择相对较厚的塑料尺或丁字尺无刻度的边来倚靠。

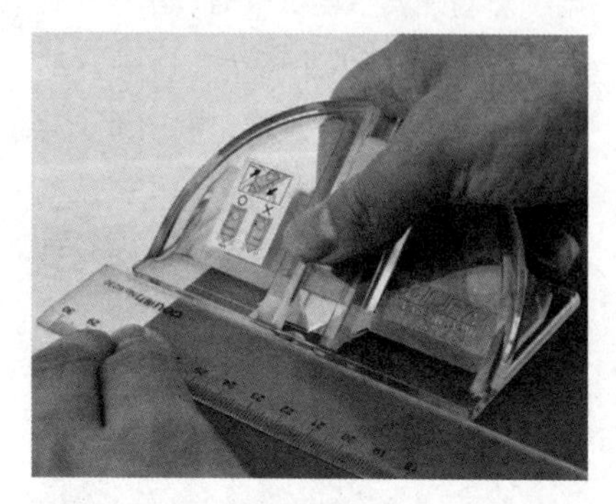

图 2-2-6　45° 斜切刀的使用

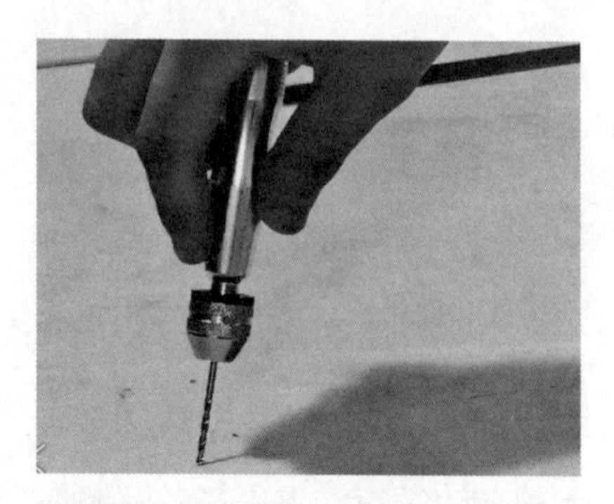

图 2-2-8　手钻的使用

■ 使用手钻时，根据孔径选择钻头。固定好钻头后，用虎口抵住手钻的尾端，手指握住钻柄旋转即可，尤其在钻较厚的材料时，要保证材料水平线和钻头水平线垂直，确保没有歪斜；钻到 2/3 程度时从材料另一面的相同位置钻，最终钻通后，可以将钻头再走一遍，让孔洞顺畅。

5. 手钻

手钻适用于比较软且有一定韧性的材质，如木条、木板、PVC 板、ABS 板等。

手钻小巧，携带方便，可以配置不同大小的钻头，满足不同打孔需求（图 2-2-7、图 2-2-8）。

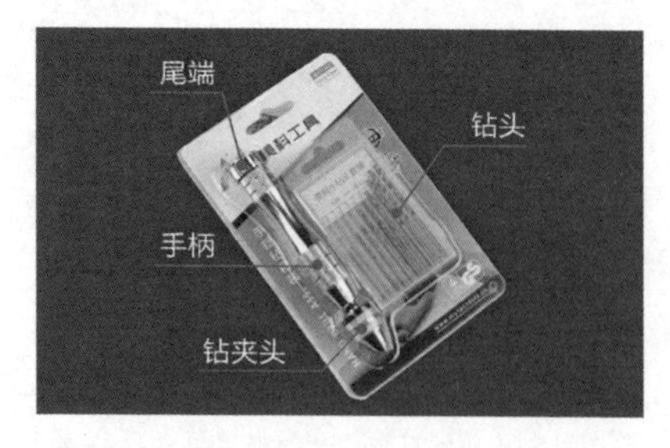

图 2-2-7　手钻

■ 适用于木料、菩提子、骨角、核桃、塑料等材质的小孔手动钻削。钻头有多种规格可选。

6. 热线锯

热线锯适用于保丽龙塑料泡沫等发泡材料的加工，可以进行直线、曲线切割，操作安全简便（图 2-2-9）。

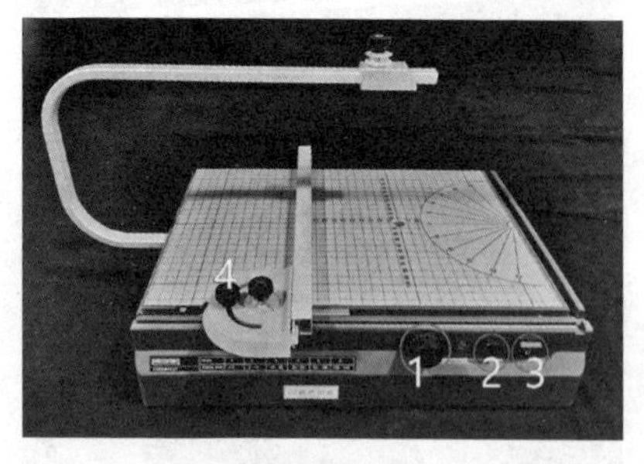

图 2-2-9　台式热线锯

■ 1. 钢丝旋钮：通过旋转拉紧或松弛钢丝，更换钢丝时旋动。

■ 2. 挡位：控制钢丝温度，有 1 ~ 6 挡，材料密度越大，对应的挡位越高。

■ 3. 仪器电源开关。

■ 4. 角度靠尺。

使用时根据材料的密度，通过旋转挡位调节钢丝温度；通过旋转角度靠尺、移动靠尺的位置，变换材料的切割角度（图 2-2-10）。

图 2-2-10 热线锯的使用

■ 使用技巧：角度靠尺上标注有清晰准确的度数，调节到合适的角度，移动靠尺杆，保证平移靠尺时，靠尺杆不与钢丝交叉。切割材料的位置可以通过直角尺测量校准，用铁笔画线做出标记。

7. 辅助胶水（图 2-2-11）

1）三氯甲烷

三氯甲烷是无色透明重质液体，有特殊气味，极易挥发，是一种低沸点溶剂，适用于有机玻璃、ABS 材料等硬质塑料，通过熔融方式将材料进行粘接。干燥速度快，粘接后无胶痕。有剧毒，存放时注意通风和避光。市场上买不到，类似的替代品有丙酮（阿西通）、氯仿胶（亚克力专用新型胶粘剂）等，另外，丙酮还可以作为清洗剂使用。

2）喷胶

常用喷胶有喷胶 55 和喷胶 77，适用于粘接多种材料。初黏性强，速度快，使用方便，喷着面积大，黏性持续时间长。由于喷胶属于非水质胶液，因此不会在粘接过程中引起纸面粘接处变形，同时被粘物可以方便地揭下，并重新定位粘贴。喷胶颗粒细洁透明，对大多数材料不会结斑或渗透。

3）木工胶

木工胶广义是指木料粘接所用的胶水，种类多种多样，性能也千差万

（a）氯仿胶

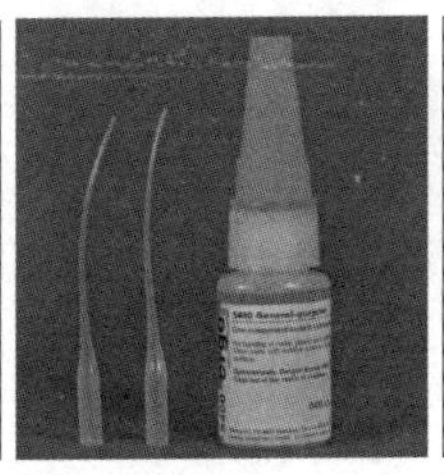

（b）ergo5400

（c）喷胶 77

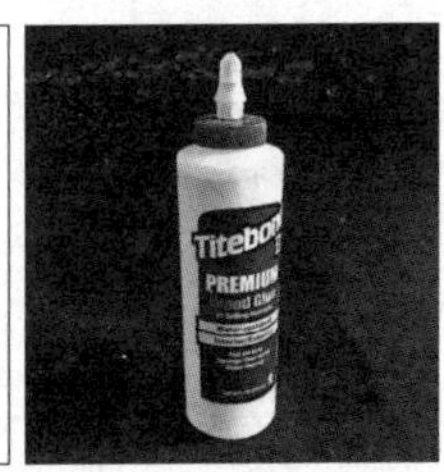

（d）Titebond 木工胶

图 2-2-11 辅助胶水

别。这里介绍一种绿色环保强力结构胶——美国 Titebond 木工胶，可广泛用于木材、装修材料的粘接，其强度大于铁钉，具有良好的防水性，但不能长时间浸泡在水中。可以在较低的环境温度里施工，有 30min 的有效工作时间，多余的部分可以用湿布擦去。

4）万能胶

万能胶包括 502 和焊接胶（ergo 1307、ergo5910 等），为无色透明液体，是一种瞬间强力胶粘剂，适用于木片、塑料、玻璃和金属等多种材料的粘接，使用方便，干燥速度快，强度高。保存时应密封低温处理，避免高温和氧化影响粘接力。

8. 其他工具

要制作构成组合训练的模型，还可能会用到辅助工具有镊子、热风枪、传统木工工具、大头针、纸胶带、毛笔等。辅助工具有时对个性化的制作来讲是必不可少的（图 2-2-12 ~ 图 2-2-14）。

图 2-2-12　镊子

■ 拼接细节时使用，尤其在拼接木条时常用。

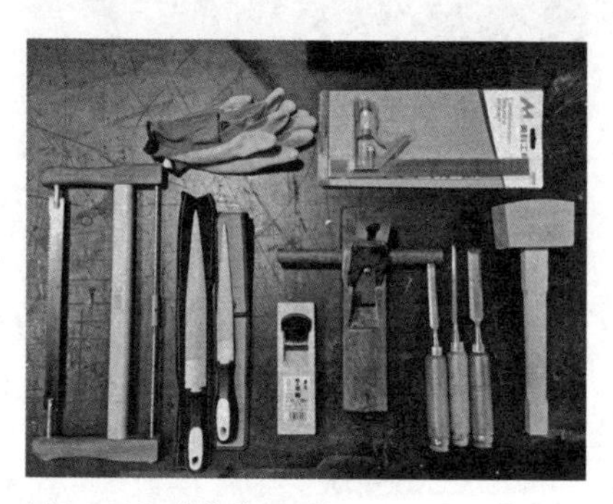

图 2-2-14　传统木工工具

■ 上面工具从左至右：手套、角尺；下面工具从左至右：手锯、锉子、刨、凿子、木榔头

（a）家用电吹风（弯板加热）

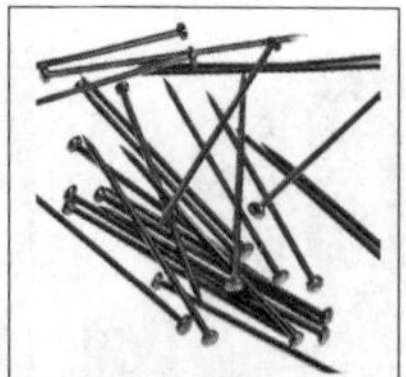

（b）大头针（固定和造型）

（c）纸胶带（临时固定）

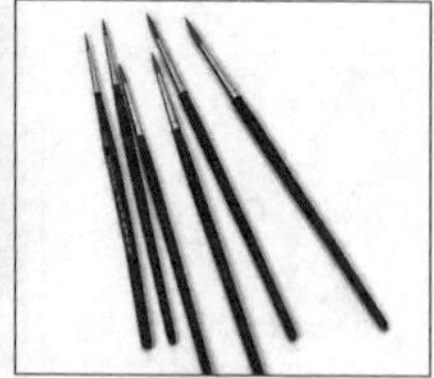

（d）毛笔（上胶涂色）

图 2-2-13　其他辅助工具

2.3 典型构成模型制作

材料（肌理）构成

1. 材料（肌理）构成

1）课题概述

（1）典型范例（图 2-3-1）

设计者：王可欣

指导老师：胡骏琦　陈静　罗丹

（2）设计目的

充分了解材料特性、材料美学、搭配方法，增强动手能力。

2）制作要点

表现材料本身的特征美，对比统一，厚度（高度）控制在 ±1cm 内。

3）制作步骤

Step 1　**分析图纸，下料**（图 2-3-2）。

Step 2　**拼装粘合**（图 2-3-3）。

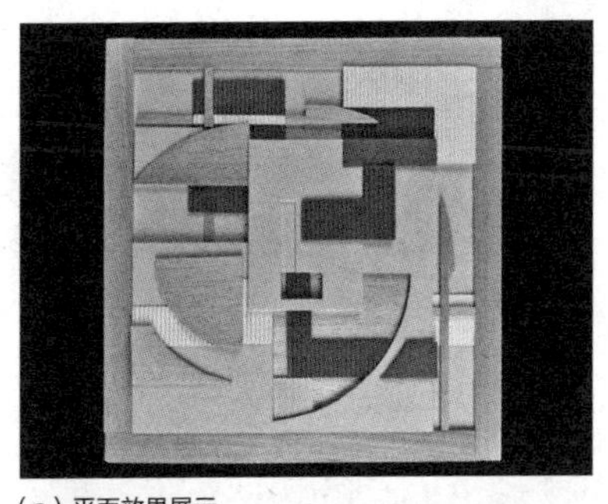
（a）平面效果展示

（b）侧面效果展示

图 2-3-1　作品展示

Step 1

图 2-3-2　分析图纸，下料

■ 1. 分析图纸，考虑二维图纸不同肌理所对应选择的模型材料。

■ 2. 预判制作顺序，考虑材料遮挡关系和支撑关系。

■ 3. 按照不同材料特性、图案样式、尺寸下料。

Step 2

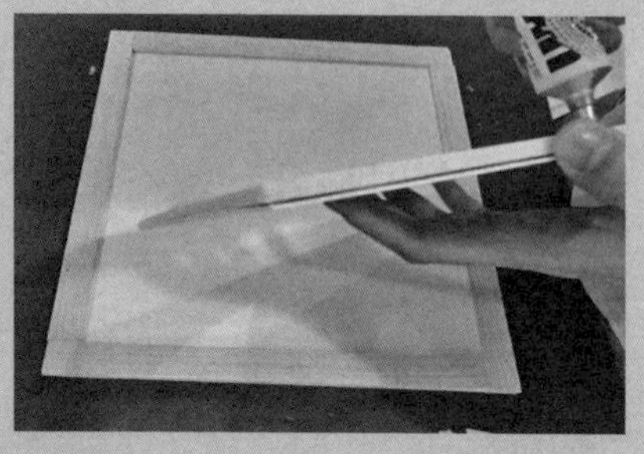

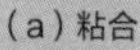

（a）粘合

（b）拼装

图 2-3-3　拼装粘合

■ 1. 选用不易腐蚀材料的胶水，如乳白胶、模型胶等，少量多次，涂抹均匀，尽量减少胶体厚度，以免影响整体效果。

■ 2. 拼合顺序：注意材料自下而上拼装。

2. 立体构成

立体构成

1）课题概述

（1）典型范例（图 2-3-4）

设计者：王思懿

指导老师：张斌　罗强　陶以欣

（2）设计目的

学习和认识形态构成的基本原理，了解形的基本要素和特征以及与建筑空间形式的关系；掌握立体构成的基本方法和形体组合原理，以及“形象重复、整体韵律、对比协调、平衡构图、形象特异”等形式审美原则。

图 2-3-4　作品展示

2）制作要点

（1）在已完成的平面构成设计基础上，进行相应的立体构成练习，运用工作模型的方法研究从平面到立体的转换以及体量组合关系。要求模型高度不大于 12cm，最高点不超过15cm，有顶盖的部分面积不大于100cm^2，并以轴测图解的方式剖析不同构件间的组合逻辑以及形体与空间的关系。

（2）在了解材料的质感与肌理的基础上，掌握线材、面材、块材的折屈、切割、弯曲等加工工艺以及形体组合的原理和方法。

3）制作步骤

Step 1 分析图纸，确定步骤思路（图2-3-5）。

Step 2 完成底座制作（图2-3-6）。

Step 3 完成有色部分，喷涂（图2-3-7、图2-3-8）。

Step 4 拼装，完成制作（图2-3-9）。

Step 1

图2-3-5 分析图纸、分类下料

■ 把平面按照不同颜色或不同材质分为几大块，确定好尺寸画线；分类进行剪裁下料，下料时注意板缝的搭接关系，从主视角的方向，减少暴露，拼合断面。

Step 2

图2-3-6 底座拼合

■ 1. 从底座部分开始选取相对比较完整的部分，组装、拼合、上胶。

■ 2. 从顶视的角度，面板一定要盖住侧板的断面，力求美观，如果下料有误，应及时调整。

Step 3

（a）画线—剪裁—粘合

（b）上色

图 2-3-7　制作有色部分喷涂件

■ 1. 按照图纸尺寸画线，剪裁雪弗板；按分类粘合各个部分，制作成相对完整的构成部件。

■ 2. 对有色部分进行统一喷漆上色。

图 2-3-8　喷涂演示

■ 喷色时注意适当遮挡，少量多次，大面积反复喷涂，避免色料堆积流淌，造成成色不均匀。

Step 4

图 2-3-9　拼装有色部分组件

■ 方法参照 Step2。

3.（单一）空间构成

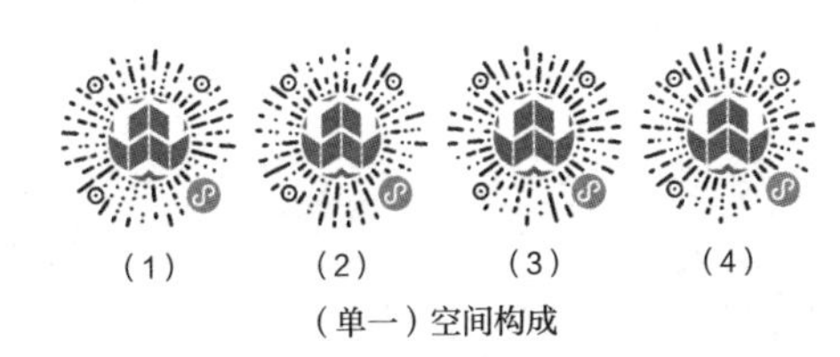

（单一）空间构成

1）课题概述

（1）典型范例（图 2-3-10）

设计者：冉宇

指导老师：张斌　罗强　陶以欣

（2）设计目的

探讨并理解空间与人的行为、人体尺度的关系；了解单一空间的形成要素，掌握空间限定的方法、基本形式及其与建筑形态的关系；掌握材料与空间的关系，利用材料自身的物理和力学性能，通过形式美法则进行单一空间的建构训练，初步了解材料对丰富建筑空间的意义；进一步巩固已学到的图面表达能力。

2）制作要点

制作单一空间模型（带场地环境），比例 1：50，可辅以简图和表现图的方式表达人的行为方式、空间尺度、空间序列等。

3）制作步骤

Step 1　**分析图纸，下料**（图 2-3-11、图 2-3-12）。

Step 2　**制作框架，粘合及榫卯**（图 2-3-13、图 2-3-14）。

Step 3　**铺设底板，框架加固**（图 2-3-15 ~ 图 2-3-18）。

Step 4　**制作表皮，编织**（图 2-3-19）。

图 2-3-10　作品展示

Step 1

（a）步骤 1

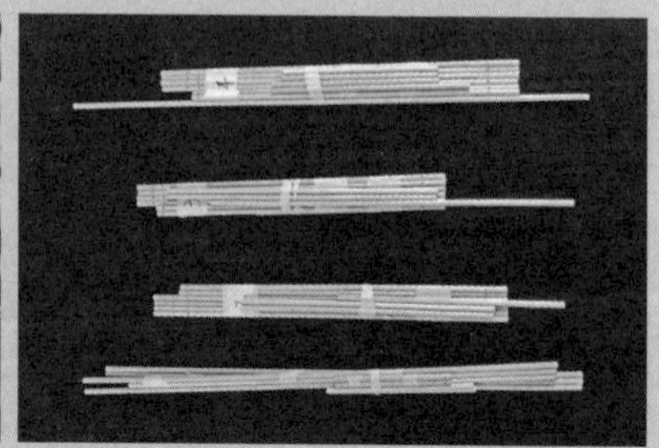

（b）步骤 2

图 2-3-11　分析图纸、下料

■ 1. 把方案设计按照结构规律分成框架、地面、表皮三个部分，分别下料。
■ 2. 根据该方案的特点，框架呈主次两种尺寸，下料时建议从节约材料的角度，在满足方案要求的前提下，灵活结合长短尺寸裁切，注意分类编号。
■ 3. 若底板呈长短不一自由尺寸，可以先裁切成统一尺寸，再在铺设中画线修正长度，优点是尺寸大致统一，且兼顾美感。

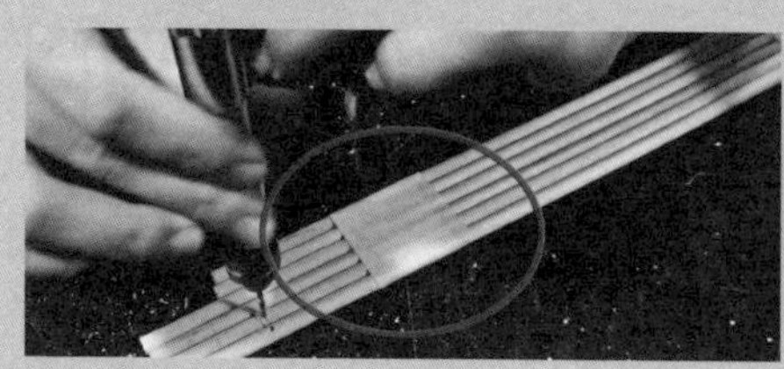

（a）用纸胶带缠好相同尺寸的木棍

（b）手钻打孔

图 2-3-12　木条打孔

Step 2

（a）一榀屋架的制作

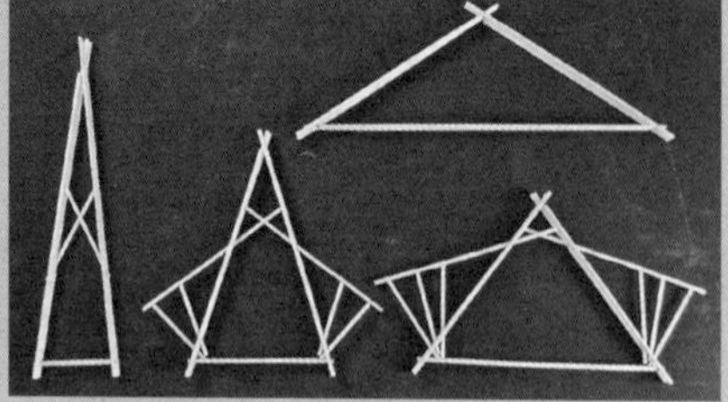

（b）四榀屋架的制作

图 2-3-13　牙签固定框架

■ 1. 用牙签穿过孔洞固定木条，再结合 502 胶固定；用 502 胶把梁固定在三脚架上，得到一榀屋架。
■ 2. 完成四榀屋架。

(a) 主体结构大样

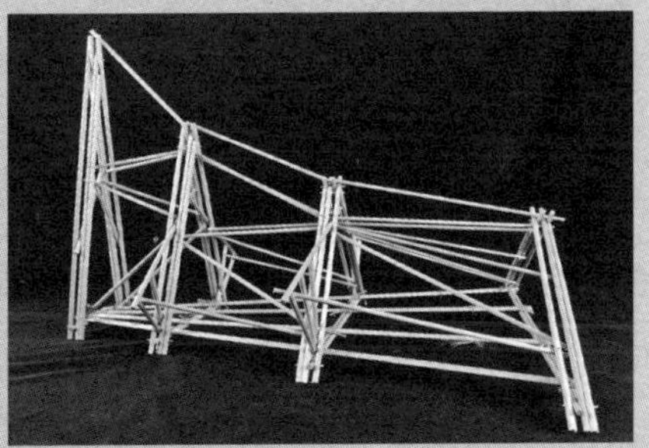
(b) 主体框架全貌

图 2-3-14　搭建框架

Step 3

图 2-3-15　铺设地面

■ 1. 根据屋架底部宽度的走势，铺设不同长度的木条。

■ 2. 排列木条时，可以用较宽的纸胶带临时固定，画线裁切后，去掉纸胶带，调整木条位置，用 502 胶固定。

图 2-3-16　做屋架斜撑

(a) 分别做好每一步台阶，连接好木条

(b) 每级台阶之间用细木条支撑更加稳定

图 2-3-17　制作台阶

图 2-3-18 内框结构示范

Step 4

（a）绕绳

（b）完成编织后的效果

图 2-3-19 编织表皮

■ 用绳子依次绕过斜撑与脊梁，可以确定的位置滴上 502 胶固定；从低处往高处绕更加顺手且绳子之间更紧密。

LEVEL B
建筑模型初阶

第 3 章　场地环境模型表达

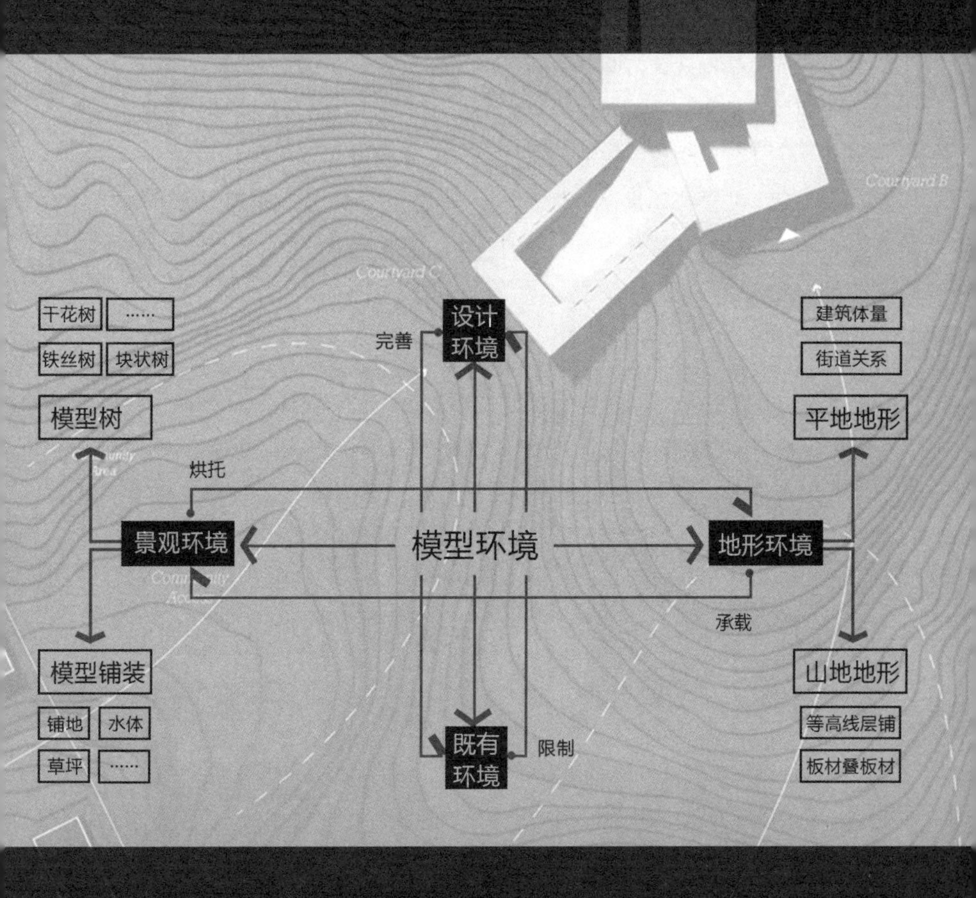

本章模型制作进入到“LeveL B 模型初阶”阶段，在经过构成组合的空间、材质、工具等训练之后，开始正式的建筑设计。

“环境”是建筑设计当中极其重要的一个环节，不论是设计图纸、虚拟模型，还是关注的实体模型，环境及其制作都是一个值得深入探究的课题，在建筑方案的表达过程中起着至关重要的作用。环境分为既有环境和设计环境，涵盖地形、植被、铺地、水体等诸多方面。在实体模型表达的过程中，以上要素也潜移默化地成为了模型环境表达的内容。

建筑学专业二年级的设计课题依托小型建筑空间设计激发学生的环境意识，故本章通过《从场地认知到空间建构》课题实践，对建筑模型的环境理解及表现技法展开专门介绍。

在实体模型的制作过程中，环境的表达按照是否属于设计内容，一般分为既有环境和设计环境两个层次。

既有环境是指设计方案产生前已有的建筑外部环境，一般包含原始地形高差、周边建筑体量、植被景观及道路关系等。主要作用是为了通过大面积的既有环境烘托建筑设计，找到相互间的风格关系（图3-0-1）。

设计环境是指方案中设计的环境，分为硬质环境和软体环境。硬质环境主要包括建筑本体、硬质铺地、台阶等，软体环境包括水体、植被、人物配景等（图3-0-2）。

需要特别注意的是，学生阶段的建筑模型环境表达切忌过于写实地重现方案环境，最好以概念化抽象手法表达创意为主，避免掉入细节陷阱（图3-0-3）。

图3-0-1　表达既有环境

图3-0-3　环境衬托方案

图3-0-2　表达设计环境

3.1 场地模型搭建

场地模型作为限制和承托建筑模型的基础，主要起烘托建筑氛围、表达场地要素的作用，主要可以分为城市地形和山地地形两类，山地地形在覆土建筑模型表现中尤为重要。

1. 城市地形

与山地地形相比，城市地形一般高差较小，表现重点为街道关系、地形地貌和周边建筑体量（图 3-1-1、图 3-1-2）。常规制作较为简单，体量模型的制作思路可参考第 4 章。

图 3-1-1 城市平地地形

图 3-1-2 城市山地地形

2. 山地地形

山地地形模型的表达重点是场地内的自然高差，本质上是不规则的自然曲面。大的制作思路可分为化曲面实体为平面切片和直接制作曲面等。

1）化曲面实体为平面切片

化曲面实体为平面切片的思路本质上都是将实际曲面地形进行切片处理，再进一步堆叠还原曲面，包括以下四种：

（1）等高线层铺地形。

制作简单、快速，效果好，但耗材较多（图 3-1-3）。

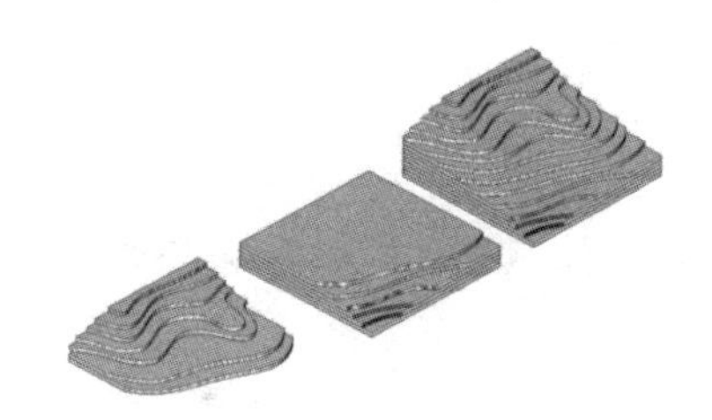

图 3-1-3 等高线层铺地形

（2）支架支撑地形。

节省材料，自重小，展示效果灵活多样，边缘线条硬朗，但等高线重叠处缝隙较大，前期准备工作多，制作精度要求高（图 3-1-4）。

（3）板材交叠地形。

效果类似于板材层铺，用两块同类板材分别切割后相间交叠，节省材料，自重小，前期准备简单，切割操作简单（图 3-1-5）。缺点是切割精度

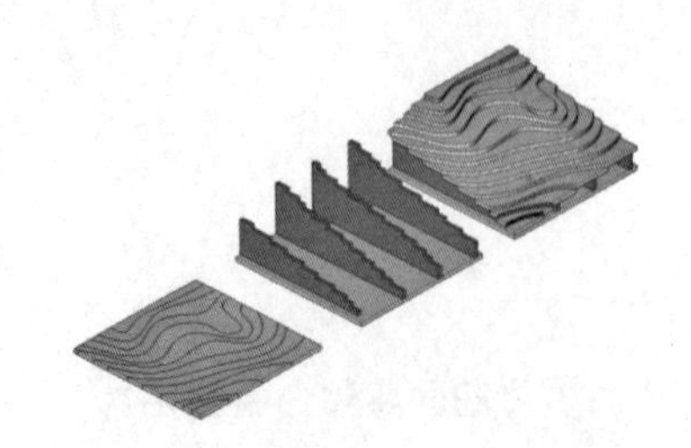

图 3-1-4　支架支撑地形

图 3-1-5　板材交叠地形

要求高，需要额外支撑，粘贴时需对位精准。

（4）纵向切片排列地形。

在制作剖面模型时，空间关系表达优势明显，但操作难度较大，需控制板的厚度和排列顺序，耗材较多（图 3-1-6）。

图 3-1-6　纵向切片排列地形

2）曲面制作思维

通过曲面制作的思维来制作地形一般比较费时费力，但是效果逼真。

（1）纵向板材排列地形。

能使地形基地弱化，更加凸显建筑体量；操作难度较大，需控制板的厚度和排列顺序，耗材较多（图 3-1-7）。

（2）石膏浇筑地形。

比较直观、逼真，可以长期保存、展示。耗用材料多，需要制作者有较高的艺术鉴赏力（图 3-1-8）。

（3）3D 打印地形。

完全真实还原场地地形，操作简单，但场地模型过于具象，不利于抽象意境的表达（图 3-1-9）。

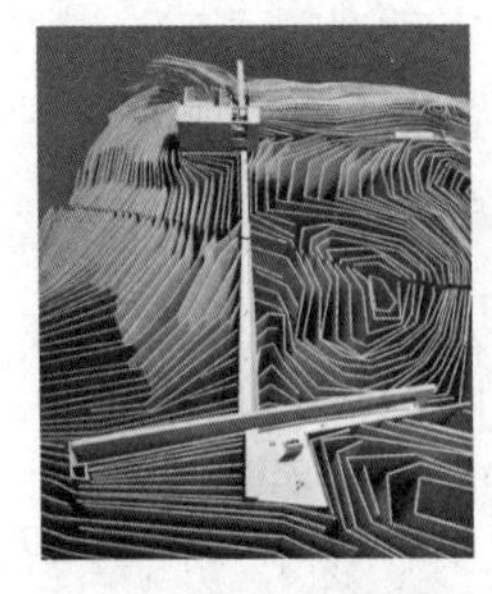

图 3-1-7　纵向板材排列地形

图 3-1-8　石膏浇筑地形

图 3-1-9　3D 打印地形

3）典型案例参考

上述模型中，等高线层铺地形、支架支撑地形、板材交叠地形、纵向切片排列地形本质上都是采取将“双曲面实体”简化为“单曲线切片”的思路进行实体模型的制作，制作难度较小；石膏浇筑地形和 3D 打印地形均采用直接模拟曲面的思路（详见第 6 章），达到真实地形 3D 曲面的效果。

下面以等高线层铺地形和板材交叠地形为例，详细介绍山地地形模型的制作方法。

（1）等高线层铺地形制作步骤。

①准备图纸。整理 CAD 地形图等高线，清除杂线废线，以清晰明辨为佳（图 3–1–10）。

图 3-1-10　等高线图纸

②计算板厚。按照模型制作比例计算等高线切片高度，即板材厚度，进一步按照板材厚度的整数倍重新调整切片高度。

③加工板材。按照 CAD 等高线加工材料，注意在下层切片的上表面保留上层切片的外轮廓，以方便定位、粘接（图 3–1–11）。

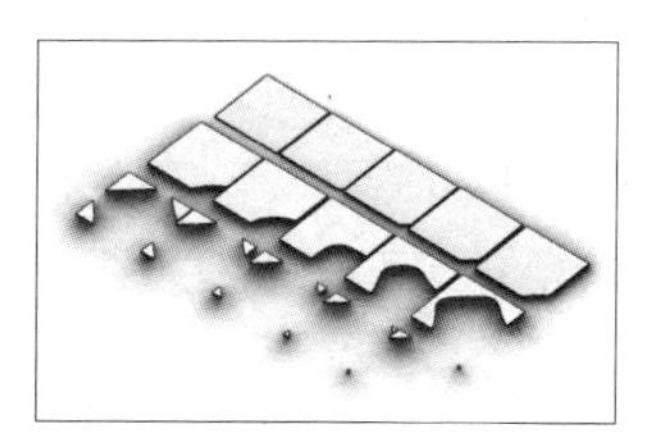

图 3-1-11　加工好的板材

④拼合模型。将加工好的材料逐级堆砌、粘接，添加配景，得到完整地形（图 3–1–12）。

图 3-1-12　拼合好的地形模型

（2）板材交叠地形制作方法。

此方法与等高线层铺地形的制作步骤相似，主要区别在于仅保留和上一切片对位的部分用于对位和粘接，减少大量的板材重叠浪费，另外根据架空高度补充一定数量的支架，以保证结构稳定性。

3.2 景观环境表达

对于实体模型而言，景观环境往往是模型表达的点睛之笔，使得模型整体充满氛围感和生活气息，本节从模型树和模型铺装两个主要环境要素展开介绍。

1. 模型树

模型树的制作从具象到抽象包括干花树、铁丝树、块状树、球形树、简化树等，不同的模型树具备不同的特质，在表现环境方面具有不同的效果（图 3-2-1）。

图 3-2-1　白色的模型树

由于实体模型本身具有一定的抽象性，其环境要素的制作原则绝大多数要求色调统一、颜色饱和度低，起到烘托建筑主体的作用（图 3-2-2）。

图 3-2-2　烘托建筑主体的树

1）干花树

干花是用于表现树木的方法中最接近真实树木，且制作方法极其简单的材料之一。它具有形态各异的枝干和丰富的自然细节，可以充分地展现设计方案对于自然环境细节的思考（图 3-2-3）。

图 3-2-3　干花的氛围

完整的一枝干花可以用作一棵独立的树，干花去除枝干后撒在模型相应位置，可以表达一片灌木。常用的干花品种见图 3-2-4，应结合模型比例、建筑主体颜色等因素选取。

霞星草

满天星

紫梅

水晶草

情人草

梦幻草

图 3-2-4　常用的干花品种

对于需要去色的干花，可用白色喷漆处理，以达到干净、纯洁的效果。

2）铁丝树

铁丝树兼具抽象和具象的艺术特征，它在表达树木枝叶抽象团体关系的同时，也具有美观、细节丰富等特点。

用发光缆线或 LED 灯缆线缠绕形成的模型，可以结合灯光设计达到光影的艺术效果（图 3-2-5、图 3-2-6）。

图 3-2-5　铁丝缠绕的树

图 3-2-6　光缆缠绕的树

3）块状树

块状树可以用切割泡沫或折叠纸片的方法制作成多面体，形状具有不规则的特点，能够给建筑方案提供一定的灵动性（图 3-2-7）。用竹签等支撑后可表达独立的树木，不支撑直接粘接在地面上可表达灌木等。

图 3-2-7　块状树

4）球形树

球形树从树木的体量关系上把树木的形态要素简化到极致，是一种极其抽象的表达方式（图 3-2-8）。

可以购买现成的圆球、切割泡沫、黏土搓制等，还可以在表面增加工艺，进一步添加细节、丰富质感。

5）简化树

简化树着重表现树木的树干，不同种类的树木制作特点不同，例如图 3-2-9（a）的树木分枝较高且枝干平均，图 3-2-9（b）以一枝主干为主，分枝较短且高度不一。

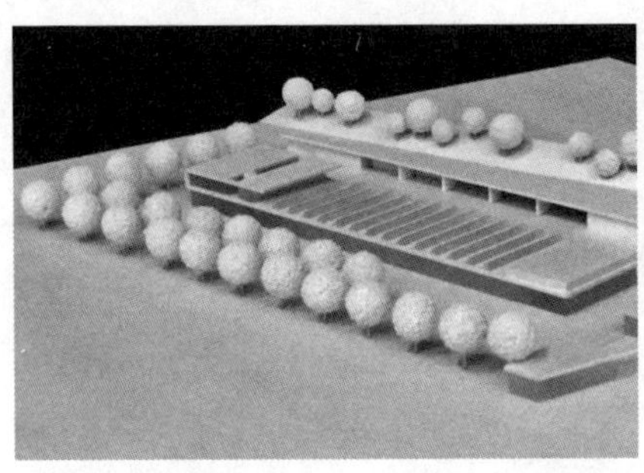

图 3-2-8　球形树

（a）

（b）

图 3-2-9　简化树

2. 模型铺装

模型铺装可分为硬质铺地、草坪、水体等，与树木等立体景观的区别在于铺装是扁平化的，因此制作思路主要以加工板材的方式为主。

1）硬质铺地

硬质铺地利用板材自身的颜色和

肌理模拟真实的人造地面，常用的有带纹理的木板、纸板、波纹板及不同色彩花纹的纸面板等（图 3-2-10）。

图 3-2-10 带纹理的纸板

使用刻线的方法在纯色板材上刻画肌理板材，也能达到表面质感的效果。使用激光雕刻肌理，可通过雕刻功率等参数的设置来达到不同深浅和粗细的效果（图 3-2-11）。

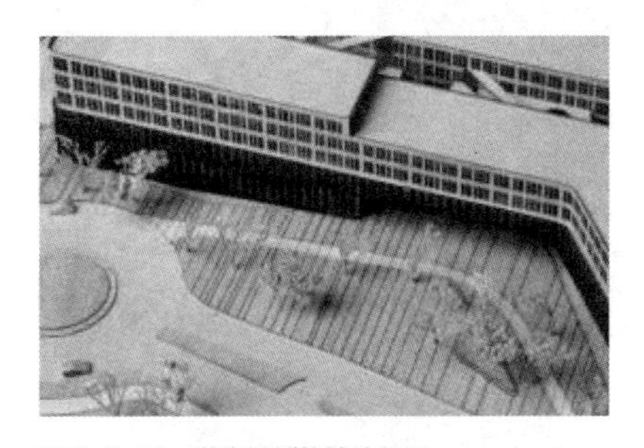

图 3-2-11 激光雕刻的铺地肌理

以杆件或小块面拼凑，可以产生更为强烈的肌理感，效果明显且耗时较多，其尺度比较失真，推荐用在构成训练类的模型制作和表达中（图 3-2-12）。

图 3-2-12 用杆件铺设的地面

2）草坪

一般的山地地形足以让人产生关于草场的联想，地形上留白更能反映地形地貌特征，草坪作为隐藏信息可以不表达。

有时需要具象地表现草坪，可用绿色调板材或将干花草粉撒在相应位置进行表达（图 3-2-13、图 3-2-14）。其中，前者适用于概念性的表达方式，后者适合于细节和氛围营造。

图 3-2-13 用绿色调板材表达草坪示意

图 3-2-14　用干花草粉表达草坪示意

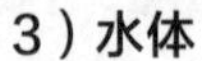

3）水体

水的出现可以为模型方案增色不少，常见的水体表达方式有：使用镜子模拟水面的镜面效果、使用塑料片模拟水面的平静、使用水纹片模拟水波（图 3-2-15 ~图 3-2-17）。

图 3-2-15　镜子表达水面示意

图 3-2-16　塑料片表达水面示意

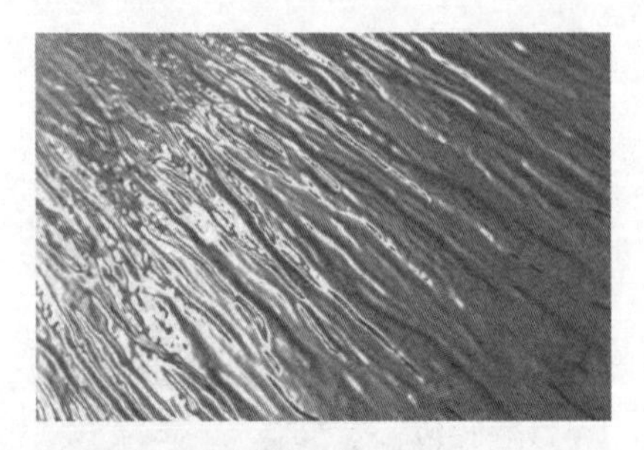

图 3-2-17　水纹纸表达水面示意

另外还有一种通过蓝色调和等高线层板表示水体的方法，在表现水体的同时可以反映水体下部基床的高差关系，具有更为直观的表现力（图 3-2-18）。

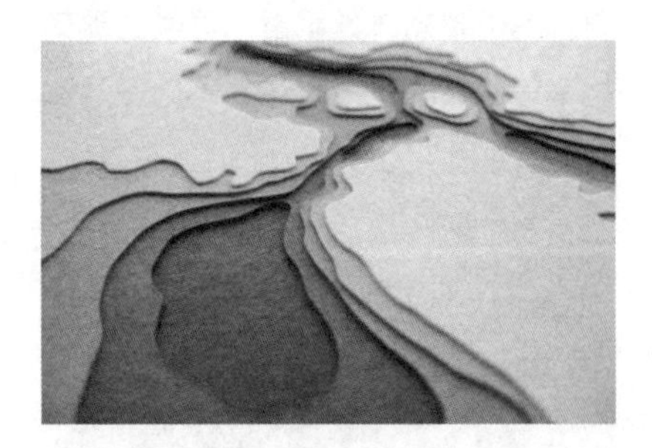

图 3-2-18　使用等高线层板表示水体

3.3 典型场地环境模型制作

环境示范模型

1. 课题概述

（1）**设计名称：**囿野——社区花园工作坊

（2）**设计者：**王诗瑾

指导老师：陈科

（3）**方案简介：**从工人新村居民的物质和精神需求出发，设定社区花园工作坊，由三位设计师入驻社区，带领居民开展社区花园营建，带动社区及磁器口边缘区域活力；线上线下同步开展花艺与种植教学活动，变文昌公园为“文昌花园”，同时吸引更多社区外来人士共同参与社区营造活动。

2. 制作要点

（1）**模型构思：**本模型的重点在于场地地形高差的表达、植物类型和铺地类型的区分、覆土建筑空间的表达。采用纵剖切模型有助于进一步表达地形和建筑空间的关系。

（2）**比例：**1：100。

（3）**材料：**3mm 椴木板，2mm 透明亚克力板，2mm 白色亚克力板，2mm 红色亚克力板，2mm 瓦楞纸板；满天星干花，棕色草粉；502 胶水，UHU 胶水。

（4）**工具：**美工刀，剪刀；激光雕刻机；镊子。

3. 制作步骤

Step 1 **虚拟搭建：**为了完美地预演实际模型的搭接步骤，制作虚拟模型，建模时考虑材料厚度（图 3-3-1）。

Step 2 **绘制图纸：**将电子模型转化成可以雕刻的 CAD 图纸（图 3-3-2 ~图 3-3-4）。

Step 3 **加工板材：**利用绘制好的 CAD 图纸对板材进行激光雕刻（图 3-3-5）。

Step 4 **粘接地形：**对加工好的板材进行场地以及周边地形的制作（图 3-3-6）。

Step 5 **粘接建筑：**用透明亚克力板表达场地周边建筑，虚化处理；用白色亚克力表达方案建筑空间，具有层次感（图 3-3-7）。

Step 6 **添加植物配景：**利用干花、草粉、板材雕刻纹理表达环境（图 3-3-8 ~图 3-3-10）。

Step 1

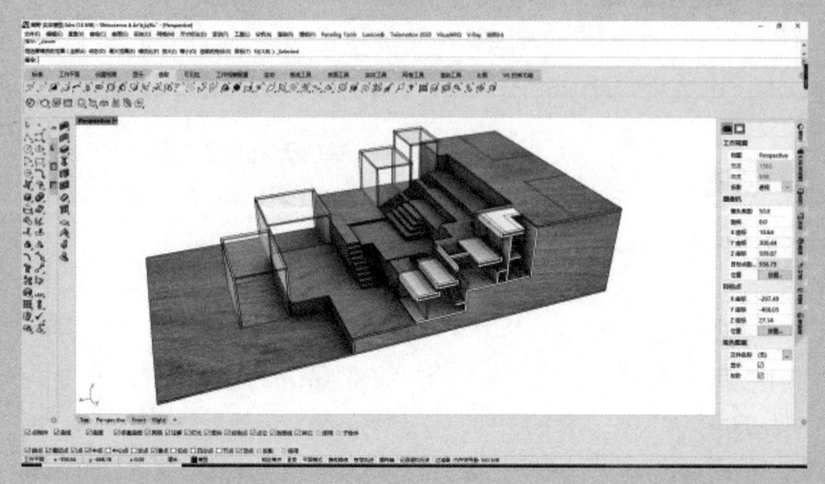

图 3-3-1　虚拟搭建实体模型

■ 1. 在 Rhino 软件中，将原有方案模型简化、合并，只保留场地、墙体、屋顶等构件。
■ 2. 将内部高差、墙体、屋顶等所有构件按照 3mm 建模，并考虑板材直接的受力和搭接关系。
■ 3. 考虑场地使用 3mm 椴木板，方案使用 3mm 白色亚克力板，玻璃幕墙、栏杆扶手使用 1mm 透明亚克力板。
■ 4. 在原始地形、内部场地下部建立支架，保证模型结构的稳定性。

Step 2

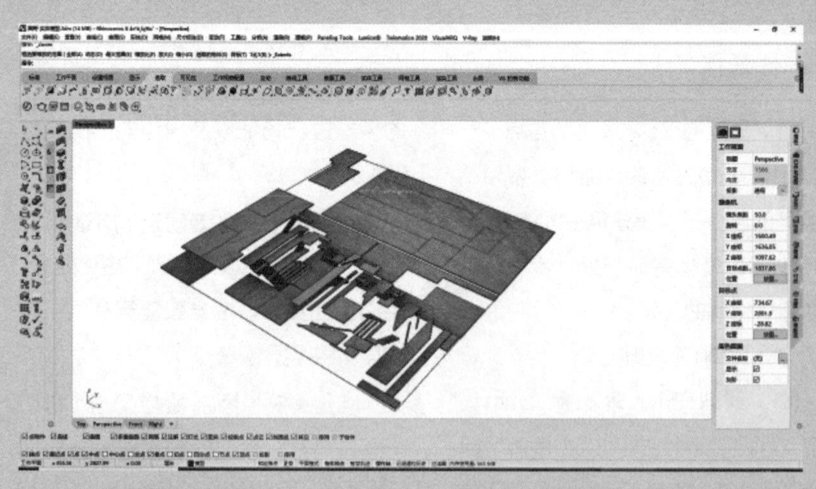

图 3-3-2　拆解模型

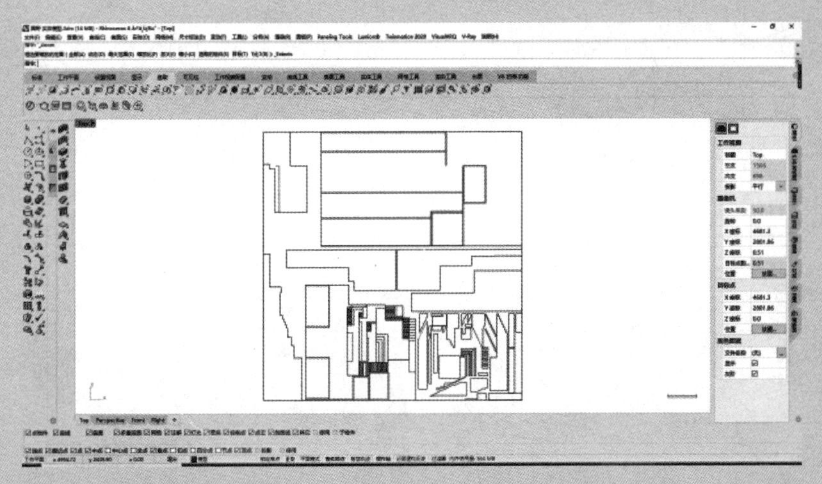

图 3-3-3　模型转化为 CAD 线条

■ 1. 将 Step 1 中所有板材摊平，使用 make 2d 命令在 top 视图中导出 CAD 线稿；注意在有搭接关系的下层板材上绘制定位刻线，保证拼接时的准确性。

■ 2. 将切割线、雕刻线区分颜色，保存为 2004 版本 dxf 文件。

■ 3. 切割线制作断点，避免切割过程中板材脱落以及后续移动过程中板材散落。

■ 4. 注意 dxf 图纸单位设定为 mm。

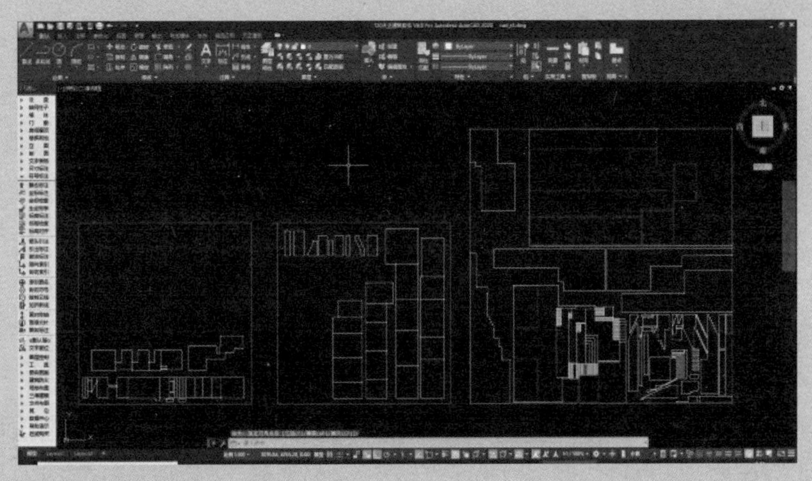

图 3-3-4　区分雕刻线、切割线

Step 3

图 3-3-5　激光雕刻现场

■ 打开与激光雕刻机相连计算机的 laserwork 软件，将 3mm 木板加工参数设置为：切割线—速度 20—功率 85，雕刻线—速度 100—功率 10；将 1mm 透明亚克力板加工参数设置为：切割线—速度 5—功率 85，雕刻线—速度 100—功率 10 进行加工。

Step 4

图 3-3-6　地形粘接完毕

■ 1. 采用上下交叠法制作地形时，宜制作支架，以保证坡度地形的准确性。

■ 2. 对应支架在底板上的定位线粘接支架，校对各支架是否垂直。

■ 3. 地形与地形、地形与支架均应使用胶水粘接牢固，保证结构的稳定性。

Step 5

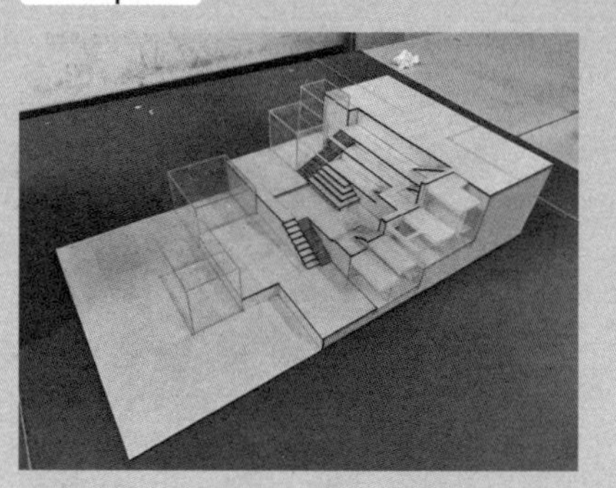

图 3-3-7　粘接建筑

■ 1. 按照预先在平台上雕刻的定位线粘接实墙、玻璃幕墙、柱子等构件。

■ 2. 实墙在 CAD 中填充砖墙肌理进行雕刻，增加立面细节。玻璃幕墙在 CAD 中绘制竖梃线进行激光雕刻，增加立面细节和尺度感。周边建筑为有机玻璃板，相互粘接时应选用三氯甲烷，以达到美观的效果。

Step 6

图 3-3-8　撒花粉

■ 在撒花粉时，先在相应区域内撒一定数量的花粉，尺子将边缘规整，再用 502 胶水在四周及内部固定。

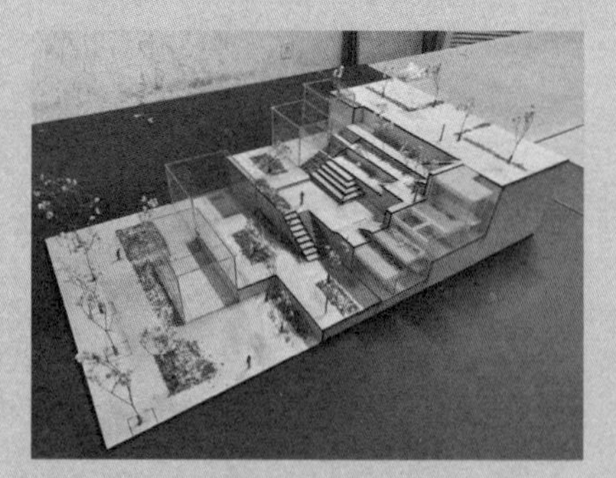

图 3-3-9　加配景人物

■ 1. 在粘接满天星干花时，可以用瓦楞纸制作的底座进行辅助固定。

■ 2. 配景人物采用 2mm 红色亚克力板切割而成，色彩突出，烘托氛围。

图 3-3-10 辅助固定干花的瓦楞纸

4. 效果展示（图 3-3-11 ~图 3-3-13）

图 3-3-11 局部鸟瞰

图 3-3-12　局部人视点

图 3-3-13　剖面透视

第 4 章　单体建筑模型表达

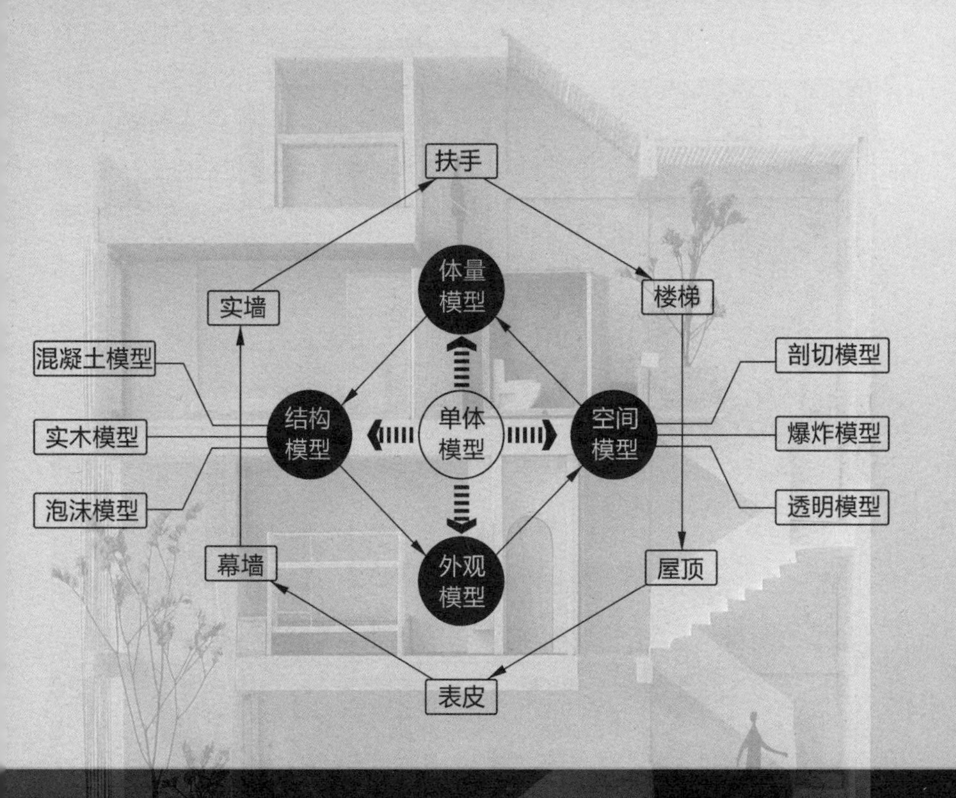

在建筑设计初步训练中，小型公共建筑课题继环境和场地要素后，回归空间本质，继续发现和创造有趣、丰富、多变的单元空间组合形式，并在这个课题中强化对于构成、组合、空间、环境的“建筑化”过程。空间或将变成框架，或将变成块面，或将变成洞穴，或将变成通道……倘若再进一步，便是楼板、墙体、玻璃幕墙、门窗洞口、楼梯、扶手、屋面……这一类“空间的构件”。

以幼儿园和精品酒店模型制作为例，本章将介绍多种单体建筑模型的制作方法和技巧，从“外观”和“内部”两个层面深入解析其制作原理，并与第 3 章共同构成“LeveL B 模型初阶”，帮助读者轻松完成最基础的建筑模型制作。

建筑按照面积规模划分，可以分为小型建筑、中型建筑和大型建筑，每种建筑在模型表达上的重点各不相同。小型建筑模型重在表达建筑的内部空间关系和材料质感，大中型建筑模型重在表达建筑的环境氛围和体量结构。

本章以小型公共建筑为对象，重点介绍单体模型种类及其特点，以及各类空间构件的制作技巧和思路。从模型制作视角更好地表现建筑内外部空间关系、建筑体量的规模形态、建筑风格、立面效果以及环境特征等（图 4-0-1 ~图 4-0-3）。

图 4-0-1　建筑内部空间表达

图 4-0-2　建筑外部空间表达

图 4-0-3　建筑材料质感表达

4.1 单体模型表达

用于展示的单体模型与用于推敲方案的过程推演模型不同，是对已有设计成果核心设计理念的展示。在模型的制作过程中，面对同一个题目，不同的人也会有不同的概念构思。

有的从环境关系出发，以“体量造型”为特点;有的从结构出发,以“结构体系”为特点;有的从立面效果出发，以“外观表皮”为特点；还有的从空间本质出发，以“内部空间”的组织为特点。

展示模型不要求做到面面俱到，而是应该把最需要突出的设计亮点表现出来。因此在模型的表达上，为了清楚、明白地展现方案的概念特色和巧思，便有了体量模型、结构模型、外观模型和空间模型之分（图 4–1–1）。还有一类模型兼顾以上四种特点，力求真实还原空间效果。

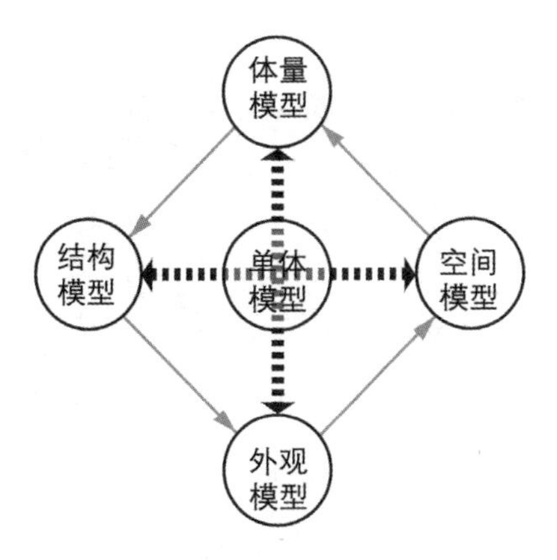

图 4-1-1　单体模型分类

图 4-1-2　板材粘接的体量模型

1. 体量模型

体量模型能直观表达方案总体结构和建筑规模大小，它通过简洁的材料体块着重表达出建筑体量与外部环境的关系（图 4–1–2）。

体量模型多用于前期方案推敲，但用作展示模型时也具有结构清晰、简洁大气的优势，可分为泡沫模型、实木模型、混凝土浇筑模型、3D 打印模型等。体量模型的制作力求简洁明了、颜色单纯且体量关系对比突出（图 4-1-3、图 4-1-4）。

图 4-1-3　实木亚克力体量模型

图 4-1-4　混凝土体量模型

例如，实木制作的体量模型可以通过实木和亚克力材质的极简对比，突出方案造型中不规则的几何线条切割体量的特点，凸显建筑风格和材料质感。

2. 结构模型

结构模型能表现建筑方案的结构设计特点，在尽可能模拟材料特征的前提下恰如其分地表达建筑结构强度和艺术美感。

对于结构空间一体的建筑方案，结构模型还能表达其空间关系，一举多得。

异形多面体的结构模型通常使用杆件粘接而成，能够清晰明了地反映建筑内部荷载传递的基本逻辑及其对应的空间关系。杆件之间相互连接的节点是体现模型制作精细度的重点，受比例尺度限制，可以考虑制作独立的连接节点大样模型补充展示（图 4-1-5）。

图 4-1-5　杆件粘接的结构模型

还有的结构模型可用板材加工而成，例如图 4-1-6 所示的传统多米诺体系结构模型，以及图 4-1-7 所示的

图 4-1-6　板材加工的结构模型（一）

图 4-1-7　板材加工的结构模型（二）

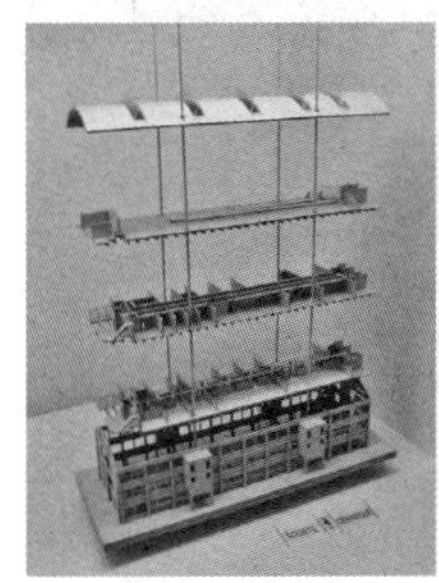

图 4-1-8　爆炸模型（一）

图 4-1-9　爆炸模型（二）

异形曲面结构模型。

3. 空间模型

制作空间模型的目的在于展示建筑的内部空间，因此空间模型表达的重点包含建筑方案的空间关系、功能分区、流线组织等。常见的空间模型包括爆炸模型、剖切模型、透明模型等。

1）爆炸模型

爆炸模型通过支撑、悬挂、展开等方式，将模型分成几个部分撑开或吊起，暴露出内部空间进行展示（图 4-1-8、图 4-1-9）。

制作爆炸模型应当充分考虑模型"炸开"的层次关系，同时考虑维持模型"炸开"状态所需要的结构体系，以保证模型具有一定的自身稳定性。

图 4-1-10　户型横切模型

图 4-1-11　住宅纵切模型（一）

图 4-1-12　住宅纵切模型（二）

常见的结构体系有柱子支撑、框架悬挂等。

2）剖切模型

剖切模型是通过剖切的方式展示内部空间或结构剖面的建筑模型，又可分为横切模型和纵切模型（图 4-1-10 ~图 4-1-13）。

图 4-1-13　剧场纵切模型

二者在空间表达上各有优势，前者本质与平面图类似，因此有利于表达平面布局，特别是功能分区和流线设计；后者本质上与剖面图类似，因此有利于表达剖面空间的高差关系，特别是对于楼板、梁柱、吊顶等结构的表达。

例如住宅纵切模型是对于小型住宅生活场景的表达（图 4-1-12）。

3）透明模型

透明模型是指为了将内部空间外露而将空间界面透明化处理的建筑模型。透明化的手法可以借助铁丝网、有机玻璃板等材料实现（图 4-1-14 ~图 4-1-16）。

在制作透明模型的过程中，可以适当利用对比色凸显需要重点阐述的空间逻辑，以达到醒目的目的，如空间场景、流线组织、功能分区等。

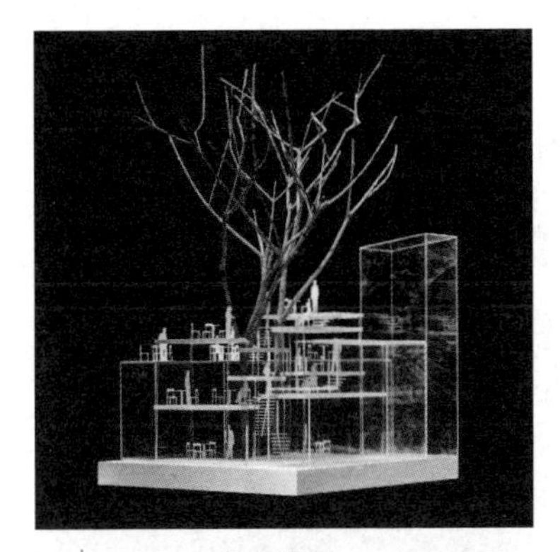

图 4-1-14 透明场景模型

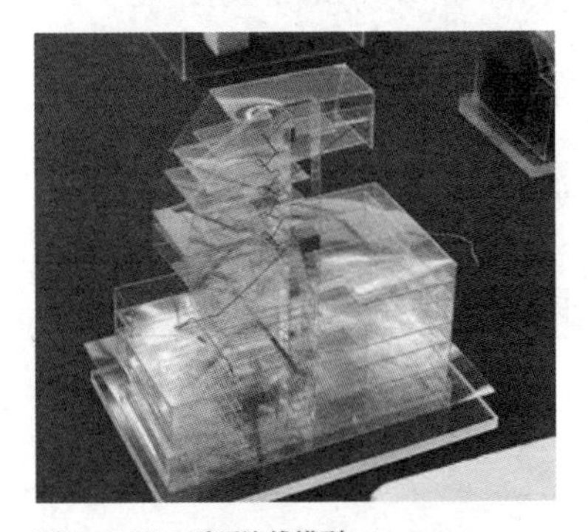

图 4-1-15 透明流线模型

图 4-1-16 半透明场景模型

4. 外观模型

区别于上述三种，外观模型是建筑造型表现力最强的一种模型表达方式，重点表达建筑造型、空间虚实、材质风格、表皮肌理（图 4-1-17 ~ 图 4-1-20）。

其表现内容可延展至结构、空间，外观模型是最能展示建筑外观场景，广泛适用于各种功能建筑的模拟表达，要求达到相当的精细程度，具备工艺美感。

在制作外观模型时，表达重点为建筑的外观，在满足基本的结构稳定性的前提下，其内部不可见的部分应予以省略。

图 4-1-17 表现阳台关系的外观模型

图 4-1-18　表现表皮肌理的外观模型

图 4-1-20　表现空间虚实的外观模型

图 4-1-19　表现构造层次的外观模型

4.2 空间构件表达

实体建筑模型普遍由各类空间构件组合搭建，因此，掌握各类空间构件的表达思路和制作方法对模型制作很有帮助。主要的建筑空间构件包含立面、屋顶和楼梯扶手等（图 4–2–1）。

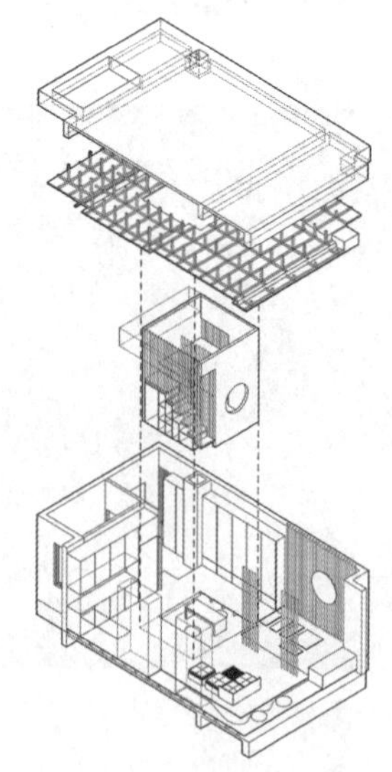

图 4-2-1　组成空间的构件

1. 立面

立面是构成单体建筑外观最重要的组成元素之一，一般在整体模型的视觉中占比也最大，因此，立面在一定程度上决定了实体模型的美观度。下面具体介绍几种单体建筑模型的立面表达方式。

1）普通实墙

建筑实墙的表面肌理按照材质可分为清水混凝土、砌体、金属、石材等。统一用“面”表现的型材制作思路可分为贴图、刻线和涂抹三种。

用打印、裁剪和贴图来表现实墙效果逼真，但需注意贴图的比例和尺度以及接缝的细节处理不能失真（图4-2-2、图4-2-3）。

用刻线来表现实墙的肌理，可达到贴图的同等效果，同时也可保留模型材料本身的质感（图4-2-4）。实墙表面简洁规律的“点、线”纹理常用激光雕刻完成，尤其常用于清水混凝土墙和砌块墙的纹理刻画。雕刻时也要注意比例尺度及雕刻深度等细节问题的把控。

另外，模拟清水混凝土和石材一类材料的实墙，可以调和水泥浆、石膏浆、石粉浆等对底板材料进行涂抹，更加丰富细节。

图4-2-2 贴图表达金属立面

图4-2-3 贴图表达木质立面

图4-2-4 刻线表达立面肌理

2）玻璃幕墙

玻璃幕墙在模型当中往往能够在视觉上成为亮点，并形成一定的冲击力，其制作的要点在于精确地反映出幕墙的单元分隔（图 4-2-5）。单元分隔有正方形、矩形、六边形以及琴键型、虚实型等。

常见的制作思路有：在有机玻璃上刻画竖梃纹路、将塑料杆件粘接在仿玻璃材料上等（图 4-2-6、图 4-2-7）。刻画竖梃和制作竖梃杆件皆可用激光雕刻机械辅助，以便提高刻画的精度。

图 4-2-5　在玻璃材质上刻画竖梃

图 4-2-6　将杆件粘接在玻璃材质上（一）

图 4-2-7　将杆件粘接在玻璃材质上（二）

3）特殊表皮

特殊表皮包括竖向格栅、参数化开洞、曲面表皮等。

竖向格栅由若干杆件横向阵列粘接而成，具有较强的细节感染力（图 4-2-8）。参数化开洞和曲面表皮的制作更多依赖于激光雕刻技术和 3D 打印技术来实现（图 4-2-9）。

图 4-2-8　杆件表达竖向立面

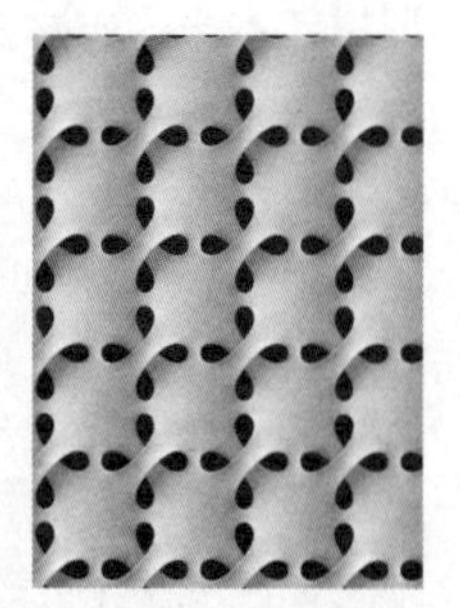

图 4-2-9　3D 打印的模型立面

2. 屋顶

针对模型制作，屋顶可分为平屋顶、坡屋顶、上人屋顶。平屋顶的制作关键在于女儿墙的制作，可以为模型增添细节感受。

坡屋顶的制作关键在于表现瓦的纹理感。对于传统坡屋顶而言，适当表现屋脊、椽子等构造层次也会增强细节表现（图 4–2–10）。

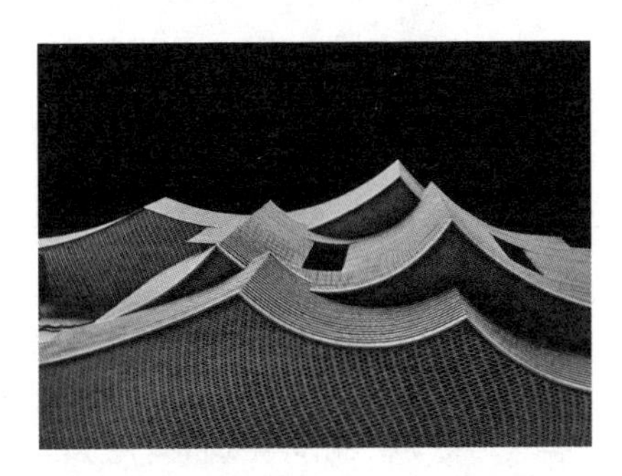

图 4-2-10 屋顶的纹路

上人屋面重点在于表现栏杆扶手、楼梯等构件，用以突出人为活动的真实感和安全性，细节层次也更加丰富（图 4–2–11）。

3. 楼梯扶手

比例在 1：50 ~ 1：100 范围内的模型楼梯，制作时应适当从其真实的建造逻辑出发，根据不同的精细度要求进行构思。底面是折板的楼梯适合用板材依次重叠来制作；坡面的楼梯适合用板材模拟斜面来完成；有梯斜梁的楼梯适合通过粘接梯斜梁和踏板来实现等。

图 4-2-11 上人屋面

扶手分为杆件扶手和玻璃扶手，前者可直接用杆件粘接，也可用卡纸画线代替；两者都可用有机玻璃（刻线）的方法制作（图 4–2–12）。

图 4-2-12 杆件扶手及梯斜梁楼梯

4.3 典型小型公建模型制作

单体建筑示范模型

1. 课题概述

（1）**设计名称：** 远山 · 归来

（2）**设计者：** 高嘉婧

指导老师：林桦

（3）**方案简介：** 设计借鉴作为永恒历史与地域载体的中国传统民居，进行屋面反曲等形式的转译，结合山地营造隐没山林的出世意象，追溯古人“悟已往之不谏，知来者之可追”的真谛。

2. 制作要点

（1）**模型构思：** 模型重点表达建筑曲面屋顶及其构造层次、砖墙和玻璃幕墙立面以及场地内部高差关系、周边地形。

（2）**比例：** 1：100。

（3）**材料：** 3mm 椴木板，2mm 椴木板，2mm 透明亚克力板，2mm 红色亚克力板，2mm 瓦楞纸板；ϕ2.5mm 竹签；满天星干花，棕色草粉；502 胶水，UHU 胶水。

（4）**工具：** 美工刀，剪刀；激光雕刻机；镊子。

3. 制作步骤

Step 1　虚拟搭建： 为了完美地预演实际模型的搭接关系，在电子模型中建出真实厚度的模型（图 4-3-1）。

Step 2　绘制图纸： 将电子模型转化成可以雕刻的 CAD 图纸（图 4-3-2 ~图 4-3-4）。

Step 3　加工板材： 利用绘制好的 CAD 图纸对板材进行激光雕刻（图 4-3-5）。

Step 4　制作自然地形： 具体方法参见第 3 章（图 4-3-6 ~图 4-3-9）。

Step 5　制作内部地形： 用切割好的板材表达场地内部复杂的高差关系（图 4-3-10）。

Step 6　粘接墙体楼板： 利用定位线准确粘接各处墙体和楼板（图 4-3-11、图 4-3-12）。

Step 7　分层粘接屋顶： 分梁、檩条、椽子逐次搭接屋顶顶面（图 4-3-13）。

Step 8　添加配景及灯光： 利用干花、草粉、板材雕刻纹理表示环境（图 4-3-14）。

Step 1

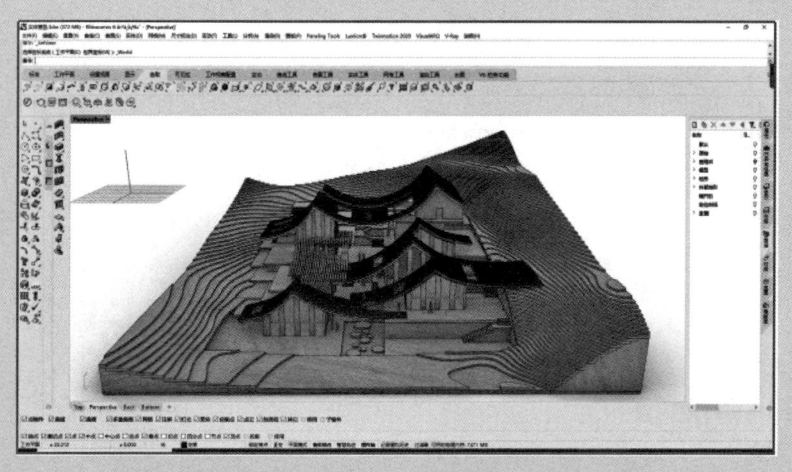

图 4-3-1 虚拟搭建实体模型

■ 1. 在 Rhino 软件中将原有方案模型简化、合并，只保留场地、墙体、屋顶；考虑场地、墙体、屋顶使用 3mm 椴木板，玻璃幕墙、栏杆扶手使用 1mm 透明亚克力板。

■ 2. 对原始场地利用 contour 命令制作等距断面线，3mm 板材上下交叠形成原始地形。

■ 3. 将内部高差、墙体、屋顶等所有构件按照材料厚度 3mm 建模，并考虑板材直接的受力和搭接关系。

■ 4. 在原始地形、内部场地下部建立网格支架，保证模型结构的稳定性。

Step 2

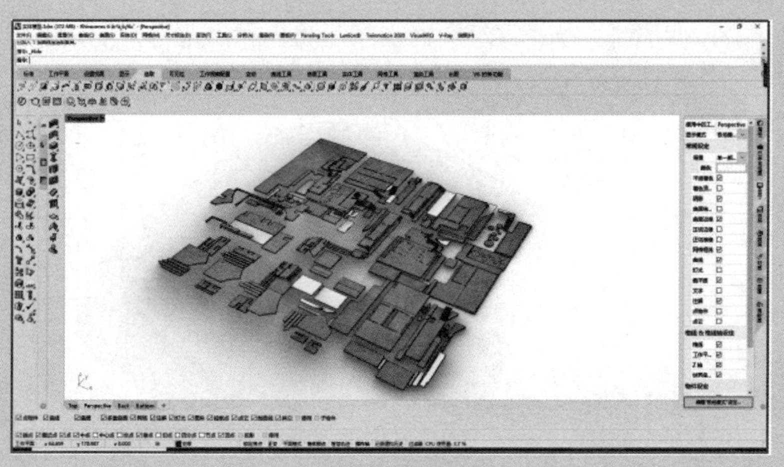

图 4-3-2 拆解模型

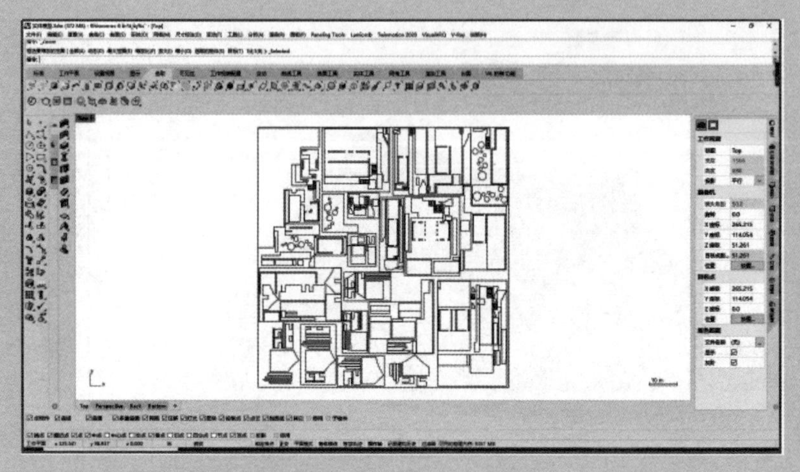

图 4-3-3　模型转化为 CAD 线条

■ 1. 将 Step1 中所有板材摊平，使用 make2d 命令在 top 视图导出 CAD 线稿。
■ 2. 将切割线、雕刻线区分颜色，保存为 2004 版本 dxf 文件。
■ 3. 注意在有搭接关系的下层板材上绘制定位刻线，保证拼接时的准确性。
■ 4. 切割线制作断点，避免切割过程中板材脱落，以及后续移动过程中板材散落。
■ 5. 注意 dxf 图纸单位为 mm。

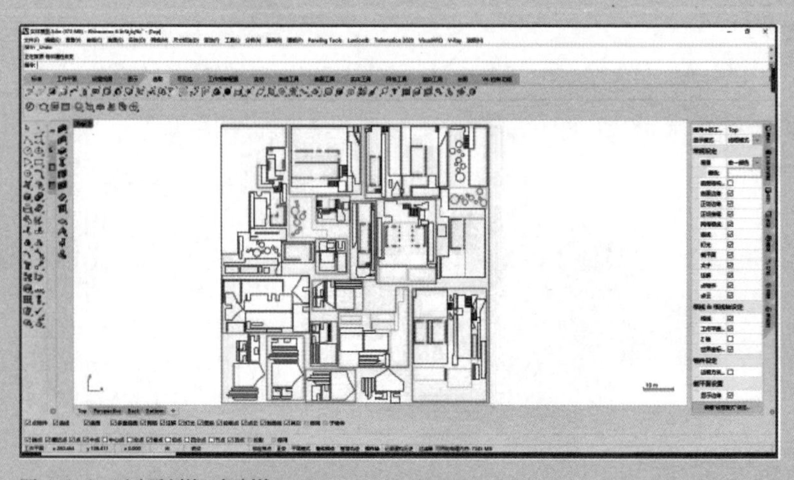

图 4-3-4　区分雕刻线、切割线

Step 3

图 4-3-5　激光雕刻现场

■ 打开与激光雕刻机相连计算机的 laserwork 软件，将 3mm 木板加工参数设置为：切割线—速度 20—功率 85，雕刻线—速度 100—功率 10；将 1mm 透明亚克力板加工参数设置为：切割线—速度 5—功率 85，雕刻线—速度 100—功率 10 进行加工。

Step 4

图 4-3-6　铺设底板

图 4-3-7　粘接卡扣支架

图 4-3-8　采用上下交叠法粘接地形

图 4-3-9　地形板材与支架之间的关系

■ 1. 板材交叠法制作地形时，宜制作支架，以保证地形坡度的平整度。

■ 2. 对应支架在底板上的定位线粘接支架，校对各支架是否垂直。

■ 3. 地形与地形、地形与支架均应使用胶水粘接牢固，以保证结构的稳定性。

Step 5

◀ 图 4-3-10　制作内部高差地形

■ 1. 按照预先在电子模型中设计好的搭接关系逐级粘接板材。

■ 2. 在平台上可预先绘制家具、树木、草地、铺地等的平面装饰线条，丰富细节层次。

Step 6

图 4-3-11　逐级粘接墙体

图 4-3-12　墙体粘接完毕

■ 1. 按照预先在平台上雕刻的定位线粘接实墙、玻璃幕墙、柱子等构件。

■ 2. 实墙通过 CAD 绘制砖墙肌理机械雕刻而成，丰富立面细节。

■ 3. 玻璃幕墙通过 CAD 绘制竖梃进行激光雕刻，增加立面细节、增强尺度感。

图 4-3-13　屋顶粘接完毕

■ 1. 屋顶梁层次依靠墙体进行精确定位和粘接。

■ 2. 使用 ϕ 2.5mm 竹签制作檩条，用水口钳对其长度精细裁剪，并用砂纸打磨两端，使其平滑。

■ 3. 粘接椽子时，其间距用固定卡扣确定。

图 4-3-14　粘接植物

■ 参照第 3 章进行植物配置。

4. 效果展示
（图 4-3-15 ~图 4-3-18）

图 4-3-15　山体连接 ▶

图 4-3-16　侧面鸟瞰

图 4-3-17　内部空间

图 4-3-18　南部立面

LEVEL C
建筑模型中阶

第 5 章　叙事性模型氛围表达

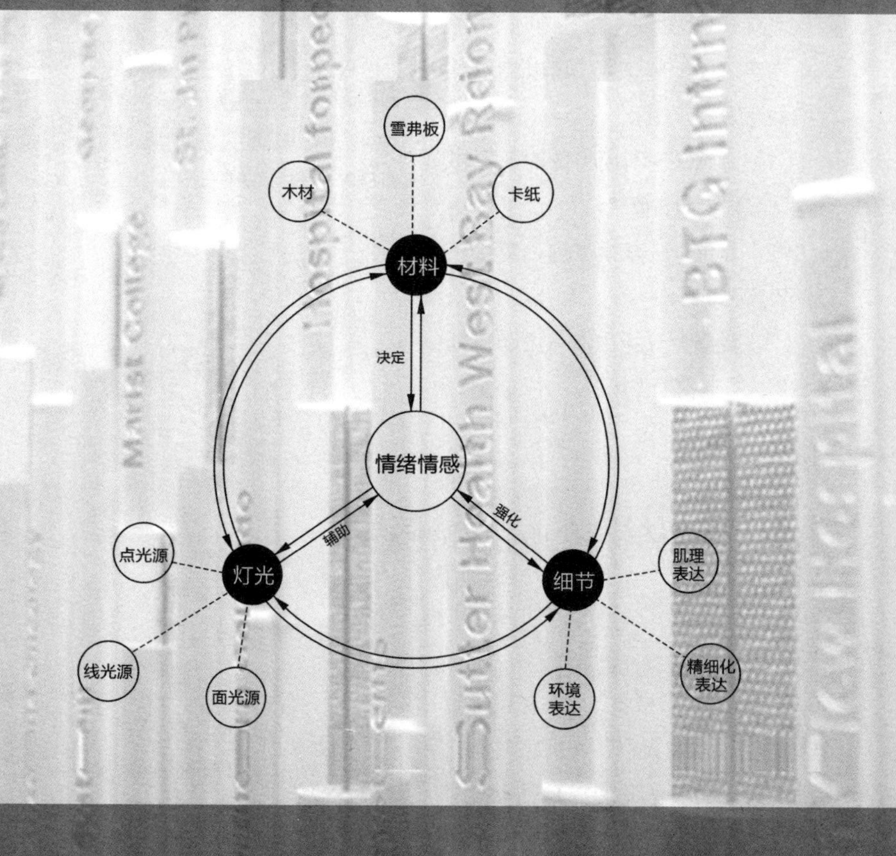

随着设计学习的不断深入、更多模型制作技能的学习与掌握，相信大家的模型制作都可以达到良好的展示效果。但设计总归是思想的产物，模型也只是一种传递思想的载体，是辅助表达的手段。精细的工艺有利于模型的美观，但不一定能传达建筑设计更深层次的叙事逻辑，即氛围、情感与故事性等。

在建筑模型中，叙事性表达往往显得格外重要，毕竟精细化的模型千篇一律，而空间的氛围精神的外化与表达才是模型制作初学者难以考虑与呈现的。本章将通过模型材质情感分析、灯饰小品的氛围营造手法，以纪念性建筑与居住区建筑两类有功能代表性的建筑模型为例，向读者介绍提升建筑氛围感的叙事性表达方法。

叙事性模型表达能将抽象的氛围展现出来，借由装点与烘托的技法，使氛围感增强，例如灯光与植物对住宅建筑居家氛围的烘托（图 5-0-1）。

图 5-0-1　模型环境烘托

在建筑模型制作中，可以将叙事性归纳为以下三方面：

（1）情感——利用特殊的模型材质强调某种精神或情感；

（2）氛围——在模型内设置灯光以渲染氛围；

（3）场景——利用具有活动特征的配景人物丰富模型场景。

5.1　模型材料的情感特质

“材料的情感特质”泛指材料以自身材质特性触发人们各类情感共鸣的特质。一方面，不同的材料具有不同的受力特性和肌理特征，决定了不同的结构形式、构造做法、表现形式。另一方面，材料各种独特的肌理、颜色、建构形式等能一定程度地唤起人们多样的情感共鸣（图 5-1-1）。

图 5-1-1　静穆庄重的石头神庙

因此，在选择制作实体模型的材料前，我们可以提前了解常见模型材料的视觉特性（附录一）、精神情绪与材料视觉特征的关系（附录二）以及常见模型材料的情感特质（附录三）。

了解了这些知识，我们就能比较

容易地在建筑材料和模型材料之间找到方案情感表达的对应关系，实现模型的叙事性表达。

1. 建筑材料与模型材料的对应关系

在实体模型的制作中，建筑材料与模型材料的对应关系主要体现在肌理、质感、颜色三个方面。这些对应关系受制于建筑材料自身的情感特质。有些建筑材料要求模型材料必须同时满足这三个对应关系，而有些只需要满足其中的一项至两项。

（1）肌理的对应关系是指建筑材料与模型材料在纹理走向、深浅、韵律等方面的对应关系。肌理的对应对于砌筑类材料特别重要。这类材料的肌理是由其建造方式决定的，既反映出材料的构造特征，也融入了人们对这类材料的审美经验（图 5-1-2）。

（a）砖墙面肌理

（b）石材墙面肌理

图 5-1-2　砌筑特有的肌理

若在实体模型的表达中没有正确选择肌理上对应的材料，模型的叙事性表达就会受到干扰。以砖墙为例，当模型中忽略了砖纹，那种温润细腻的感受就会打折扣（图 5-1-3）。

（a）表达砖纹

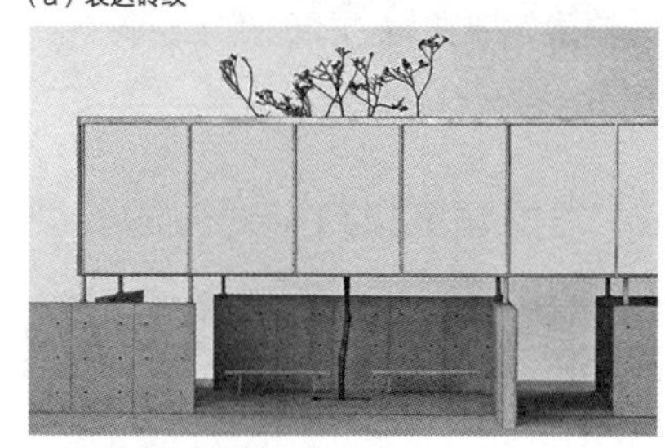

（b）不表达砖纹

图 5-1-3　砖纹表达对比

（2）质感的对应关系体现在建筑材料与模型材料在光滑与粗糙、柔软与坚硬等方面的对应关系。有时，质感来自建筑材料的表面特征，比如玻璃的透明与磨砂；有时，质感还来自力学特性，如张拉膜与拉索。

因此，在选择对应的模型材料前，

要先明确方案材料质感的基本特征。例如膜结构的弹性质感是张拉应力的体现，应选择弹性面料，表面质感反倒不那么重要（图 5-1-4）。

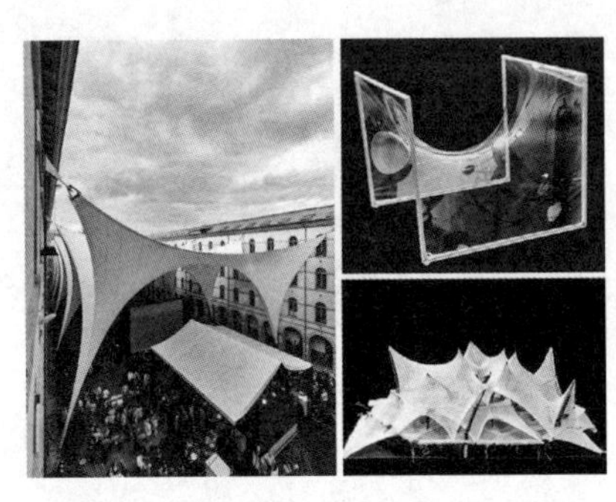

图 5-1-4　不同材料表达弹性质感

（3）颜色的对应关系是指建筑材料与模型材料在色相、色温、饱和度等方面的对应关系。对有些建筑材料而言，饱和的色彩是它的最大特点，为这类建筑材料选择的模型材料就要尽可能接近这些颜色。

2. 常见建筑材料与对应的模型材料

1）混凝土

混凝土结构在建筑中常作为主要的承重结构，呈现低饱和的色彩。但是，由于混凝土本身的配比、模板、施工的变化，纹理又是丰富多样的。这些肌理、质感和色彩的特征使混凝土张力十足而兼具细腻，适合表达崇高、纪念、哀悼等较为厚重的情绪。

由于混凝土可以制成小体积的物件，所以在选择对应的模型材料时不妨考虑使用混凝土本身。这样可以尽量逼近真实项目中混凝土的效果。不仅表达了浇筑后的形态，也能部分地还原其随机的纹理特点，这些细节对于材料情感特质的表达很有帮助（图 5-1-5）。

图 5-1-5　原作与混凝土模型的纹理

此外，同为浇筑类材料的石膏也是合适的选择。白色雪弗板、白色卡纸等材料也可纳入考虑范围。当混凝土肌理在情感共鸣中的作用较弱时，这些材料可以比较好地抓住混凝土整体平整、色调偏冷偏灰的材料特征（图 5-1-6）。

相较之下，作为常用模型材料的木材就显得不那么合适。首先，木材自身的肌理特点比较明显。其次，暖

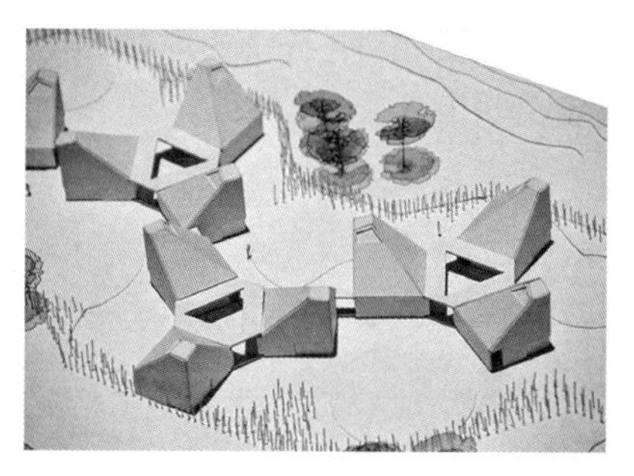

图 5-1-6 雪弗板表达混凝土

而温润的色调与质感和混凝土也并不能对应。因此，不推荐用木材来表达混凝土材料。

2）玻璃

玻璃的情感特质主要依靠自身的透光质感来体现，而肌理和颜色的作用并不明显。玻璃的透明与磨砂产生了自身透明性的变化，赋予建筑通透或朦胧的观感，给人们或轻松或神秘的心理感受。

鉴于透光性是玻璃材质的表达重点，在选择模型材料时，我们可以聚焦于透明度种类多的材料，比如不同透光度的 PVC 板。PVC 板的种类很多，除了磨砂类和透明类，还有丰富的色彩可以挑选，在模型整体风格统一的前提下，为其他实墙的选择提供了更多的可能。

亚克力板（有机玻璃板）也是一种与玻璃对应的材料。它的厚度和硬度较大，可以减少制作时定型和粘接的时间。而且，相对于软而弹的 PVC 板，亚克力板显然更贴近玻璃的真实触感（图 5-1-7）。

（a）透明亚克力模型

（b）磨砂亚克力模型

图 5-1-7 亚克力板表达玻璃

3）砖

在实际的建筑构造中，砖常用于砌筑承重结构或表皮。砖块自身的尺寸和砌筑方式产生了标志性的肌理，引发安定、踏实而沉静的情绪体验。有些时候，砌筑方式的创新还能产生肌理的变化，引发惊喜和意外之感。可以说，肌理是砖材质表达成败的关键。

因此，在模型制作中，需要着重表现砖时，我们应选择肌理刻画上有可操作性的材料。

当肌理较有特色时，我们可以用制作模型专用的小型材料块拼砌。这种材料相当于等比例缩小的砖，可以细致地还原砖的砌筑关系和砖块之间肌理形成的逻辑。缺点在于模型制作耗时较长（图 5-1-8）。

当砖的肌理比较普通，而重在表达砖材质与其他材质的对比时，可以采用激光雕刻的方式，在木板上刻画砖纹来表达整面砖墙（图 5-1-9）。

图 5-1-8　模型用小型砖块

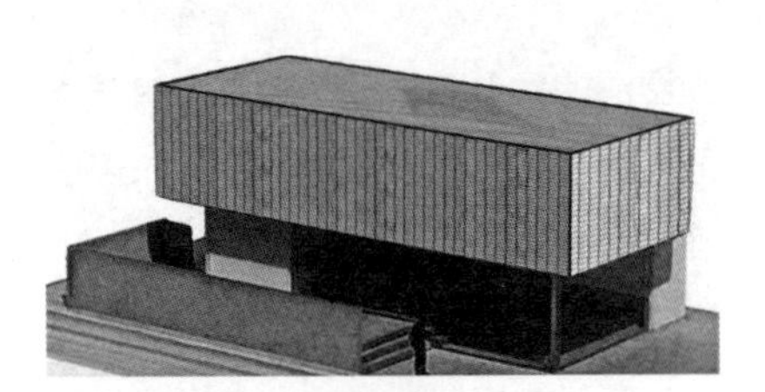

图 5-1-9　用激光雕刻砖纹

5.2　模型灯光的氛围表达

模型灯光用于模拟自然光与人工照明，对模型起到控制阴影、强调重点部位、烘托氛围等作用。由于点光源、线光源与面光源的不同，模型灯光可营造不同的氛围。下面对这三种光源分类介绍。

1. 点光源

点光源可分为单一点光源和片状点光源两种，在模型氛围营造上，单一点光源聚焦性强，产生庄严、肃穆的感觉；片状点光源具有欢快、热烈、活泼的感觉（图 5-2-1）。

最常用于模型制作的点光源是身材小巧、种类丰富的 LED 灯（图 5-2-2），即发光二极管。发光二极管的发光颜色取决于所用材料，有黄、绿、红、橙等多种颜色，可以制成长方形、

图 5-2-1 点光源下的居住建筑

图 5-2-2 LED 灯

圆形等各种形状。

由于 LED 灯的发光体近似于点状，在模型中布置较为方便。但是大面积使用时，电流和功耗都较大，不适合作为长时间展示的模型光源。

2. 线光源

模型制作中，线光源能很好地强调空间的流动性、律动感与序列性（图 5-2-3）。目前常见的线光源以市面上的霓虹灯发光线为主。

图 5-2-3 线光源的实际应用

霓虹灯发光线是一种发光线材，线体柔软，发光均匀、细腻，色彩丰富、亮丽，使用时需配置专用驱动器（图 5-2-4）。其直径通常为 0.8 ~ 8mm，应根据模型中是否隐藏发光体来选择。

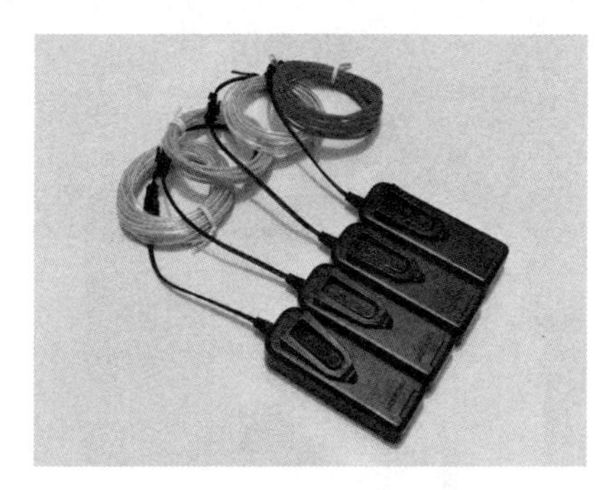

图 5-2-4 霓虹灯发光线和电池盒驱动器

在模型中，可根据需要的长度裁剪发光线。线材的固定有多种方式，胶水、胶布等均可。驱动器建议选择与电池盒整合，其长方体外壳便于隐藏在模型的空腔内。

3. 面光源

面光源能产生大面积、均质的光照效果，能突出方案主体，利于烘托日常化、生活化的场景氛围。通过光色的冷暖变化，模型会显得肃穆或温暖，暖色光还能加强商业氛围感（图 5-2-5）。

同时面光源适合为模型提供环境光照。可用于模型环境光的面光源有摄影反光板灯，可根据摄影灯的数量和照射角度控制光源与阴影（图 5-2-6）。

市面上还有一种面光源产品——EL 发光片（图 5-2-7）。其厚度一般为0.2 ~ 0.5mm，需配置专用驱动器，建议选择与电池盒整合的款式，便于隐藏。可根据方案平面形状裁剪，置于模型底部，由下往上打光。

（a）模型一

（b）模型二

图 5-2-5　面光源的实际应用

图 5-2-6　摄影灯

图 5-2-7　EL 发光片

5.3 小品配景的场景塑造

小品配景指的是实体模型中除建筑主体部分之外的实物模型。

在特定的场景下合理布置小品配景，可以彰显场景特质，增加叙事性。如在居住区建筑模型中，注重街道上汽车、电线杆的表达可以强化细节；在咖啡店中布置桌椅、餐具、报刊等物品，能突出场景特质。

根据景观要素与模型场景，我们可以将小品配景大致分为人物、动物、植物、室内家具、室外设施和交通设施等（详细类别及案例见附录四）。

下面以人物为例，通过剪影式和精细化两类模式来示范如何利用小品配景塑造场景氛围。

1. 剪影式配景

剪影式配景是指平面化的模型形式，可以通过激光雕刻板材，或是手工切割纸板、卡纸等进行制作。常见的剪影式配景有写实类剪影和较抽象的剪影（图 5-3-1、图 5-3-2）。

图 5-3-1 写实人物剪影

图 5-3-2 抽象人物剪影（日本·妹岛和世）

剪影式模型配景通常为纯色：纯白、纯黑或是其他鲜艳的颜色，在模型中与主体空间形成视觉上的对比关系，突显出人物在空间中的行为、情绪、趋势等具有动态性的叙事瞬间。

2. 精细化配景

精细化配景是指立体化的模型形式，可以通过树脂打印、太空泥捏制、3D 打印等方式制作，可以更加逼真地还原模型的样式、体量与真实场景。

精细化模型通常运用在主体空间模型部分同样有着较高精度的情况下，利用对模型人物细致的细节刻画与对动作、神态的表达，以及对模型植物丰富真实的形态体量进行还原，更有助于将观者带入场景之中（图 5-3-3）。

图 5-3-3　精细化人物模型

5.4　典型叙事性模型制作

1. 课题概述

（1）**设计名称：**诗画金陵——既有建筑改造设计

（2）**设计者：**朱逸尧、张雨辰

（3）**指导老师：**孟阳

（4）**方案简介：**设计从场景体验式文学入手，结合《金陵八景图》中的四景：白鹭春潮、秦淮渔笛、凤台秋月、乌衣夕照进行空间转译，结合画卷中的诗词意向营造四个主要文学体验场景。

2. 制作要点

（1）**模型构思：**重点表达建筑旧立面、建筑旧结构体系，尤其在模型整体叙事性表达的氛围营造方面，表现室内灯光、配景人物、建筑 LOGO 等；

（2）**比例：**1 : 100；

（3）**材料：**2mm 卡纸、1mm 有机玻璃及椴木板、干花、LED 灯具、万能胶等；

（4）**工具：**激光雕刻机。

3. 制作步骤

Step 1　制作建筑场地和建筑主体：参照设计要点制作场地环境、建筑室内及外观主体，具体方法可见第 3、4 章（图 5-4-1）；

Step 2　增加室内灯光：在室内使用点状灯光用于模拟人工照明，烘托氛围（图 5-4-2）；

Step 3　增加小品配景：适当增加建筑 LOGO 和配景人物，强化氛围感和建筑模型的叙事性（图 5-4-3）。

Step 1

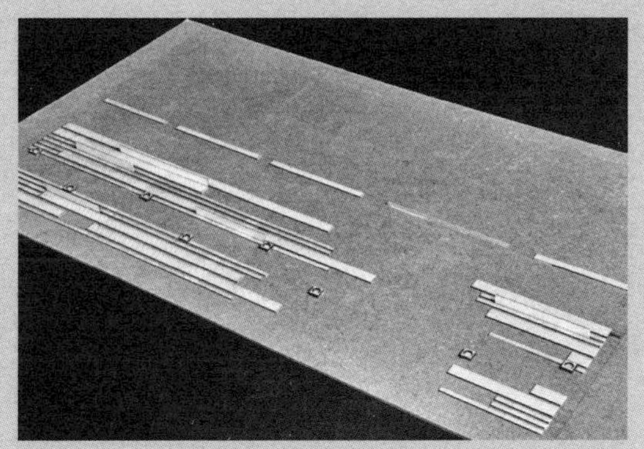
（a）准备底板，制作铺地

（b）制作环境树

（c）单独制作模型主体

图 5-4-1 制作模型主体

■ 1. 采用 1mm 透明亚克力板消隐表达原有厂房建筑的保留部分：牛腿柱、连系梁、桁架、外立面砖墙。

■ 2. 大面积的楼板、实墙采用 2mm 米白色卡纸，书架、螺旋楼梯等采用 2mm 浅黄色椴木板。

■ 3. 户外氛围的营造通过建筑历史砖墙还原、景观图案制作、植物等实现。

Step 2

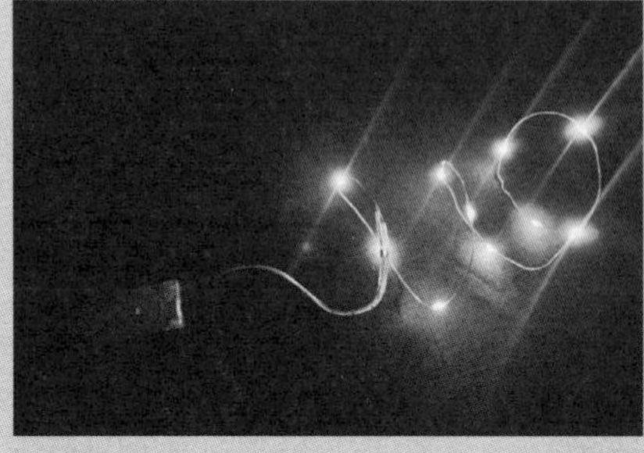
（a）制作光源

（b）固定光源

图 5-4-2　制作灯效

■ 1. 采用图示自带纽扣电池盒的暖色 LED 灯光，省去自制连接电路的麻烦。
■ 2. 在楼板的背面使用热熔胶对每个 LED 光源进行固定。光源应避免直射人眼，应该隐藏光源形成泛光。
■ 3. 将电池盒隐藏在建筑主体之内，但要便于开关电源、更换电池。

Step 3

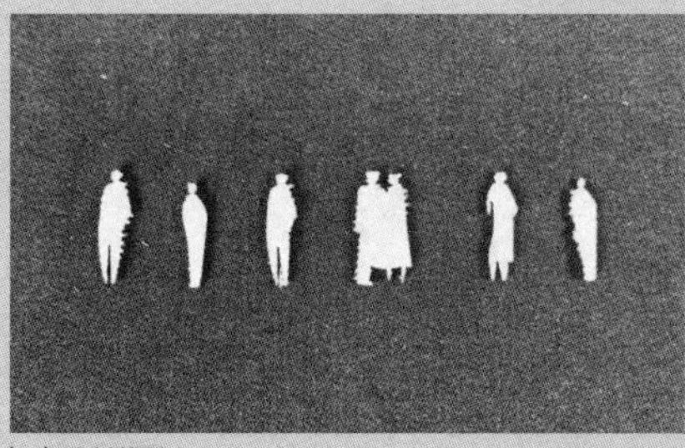
（a）雕刻剪影人

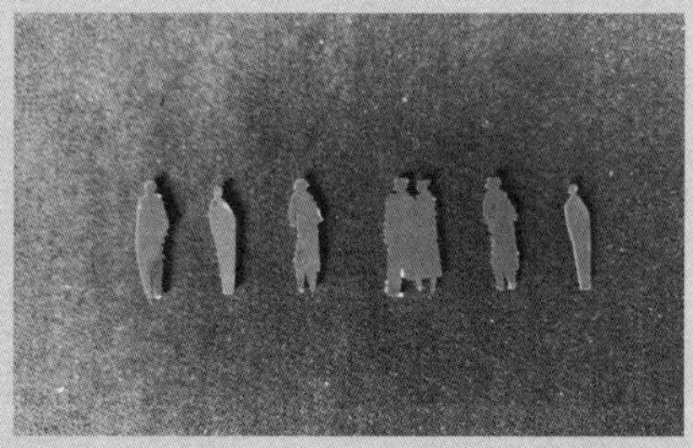
（b）给剪影人上色

（c）用胶水固定剪影人

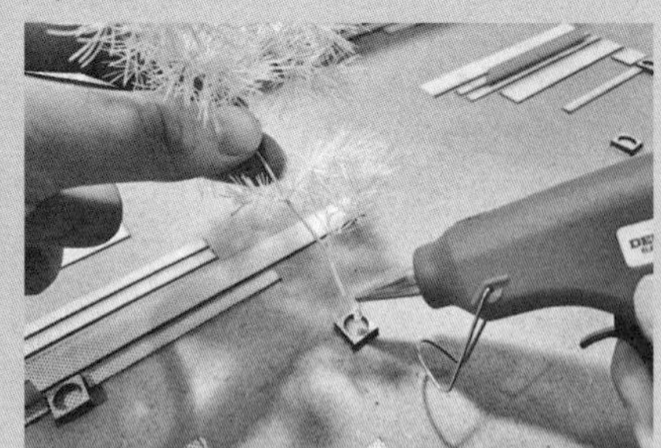
（d）用胶水固定环境树

图 5-4-3　制作配景

■ 1. 使用 1mm 的硬质卡纸制作剪影人物和建筑 LOGO。
■ 2. 用亮红色油性笔对剪影人进行涂色。
■ 3. 使用 502 胶粘接剪影人。对于尺度较小的剪影人，可使用镊子夹取进行粘接。

4. 效果展示（图 5-4-4 ~图 5-4-6）

图 5-4-4 整体鸟瞰效果

图 5-4-5 灯光下户外人群与景观的互动

（a）场景细节 1—景墙

（b）场景细节 2—小桥

（c）场景细节 3—垂直绿化

（d）场景细节 4—平台梯级

图 5-4-6 模型景观小品的叙事性表达示意

■ 1. 通过模拟建筑的标志性 LOGO 增强标识性和细节感。

■ 2. 通过室内小桥、书架、台阶等建筑小品，装点人物和植物配景，增强建筑主体的氛围感，同时让模型的尺度感更加直观。

第 6 章　异形建筑模型表达

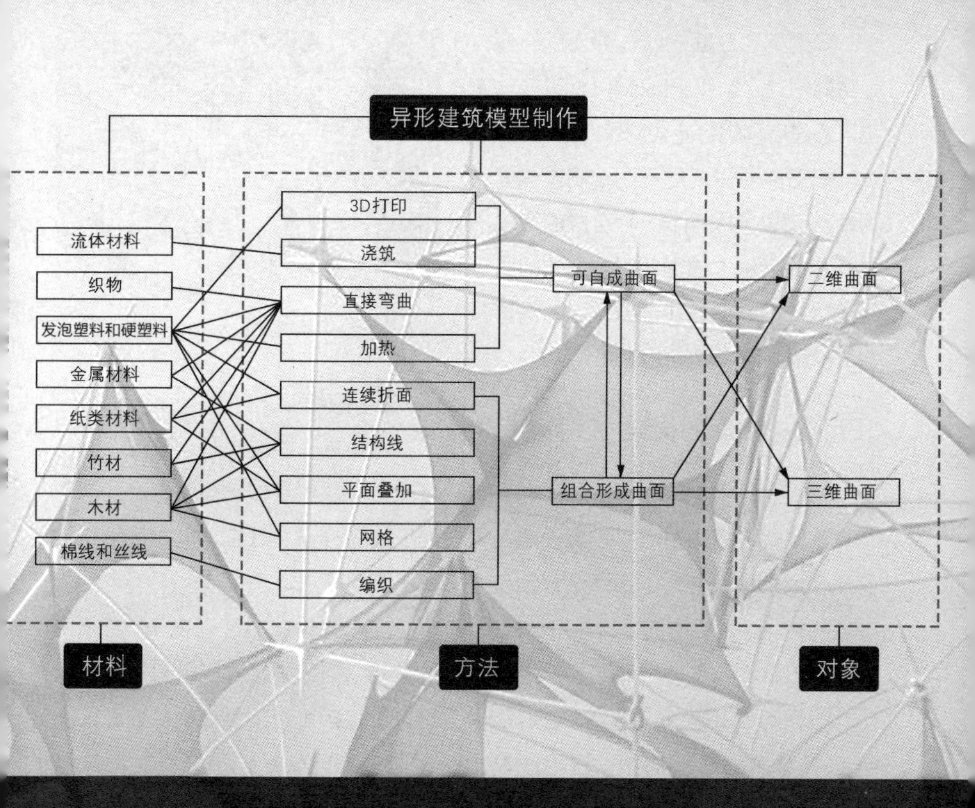

随着对模型制作基础、环境模型表达、单体建筑模型表达以及叙事性表达技巧的熟练掌握，更多读者开始尝试形态更加丰富多样的异形建筑模型制法。

在建筑学专业三年级的文化展示类建筑设计和旧建筑改造设计两个课题中，除了建筑的文化内涵，建筑形体也占据着重要地位，这为异形建筑的设计提供了更大的发挥空间。异形包括折线和曲面两种形态，常见的曲面有二维曲面和三维曲面两种，本章重点讲述曲面形态的异形建筑。

本章将依托文化展示类建筑设计和旧建筑改造设计课题，依据曲面的不同成面方式，分别介绍不同特性的材料及制作方法，探索异形建筑的模型表达。

6.1 异形建筑模型材料

异形建筑曲面制作需要使用石膏等特殊材料，常用于制作平面的材料，也可通过不同组合方式制作曲面。

根据曲面生成的不同，制作曲面的材料可以分为两类：可自成曲面的材料和组合形成曲面的材料。本节将基于以上两种曲面生成方式，对异形建筑模型制作的材料进行重点讲解。

1. 可自成曲面的材料

1）流体材料

流体材料指通过与水按照一定比例混合后形成可流动的液体浇筑制作模型的材料，常见的流体材料有石膏、混凝土和蜡。

石膏可利用模具浇筑制成曲面，且易于对表面进行加工，适用于制作长期保存或陈列展示的模型（图6–1–1）。

混凝土、蜡制作曲面的方法与石膏类似，都是利用自身特性注入模具中制作曲面形态。相比于石膏，蜡更易于加工。

图 6-1-1　石膏曲面模型

2）织物

织物具有质地柔软、可塑性强的特点，可快速制作出曲面形态。常用的织物有棉布、纱布、尼龙纤维（丝袜）等。

棉布和纱布的区别在于：棉布经纬较密，而纱布经纬稀疏且有明显网格。二者都可直接悬挂模拟曲面形态（图6–1–2）。

图 6-1-2　悬挂纱布曲面模型

尼龙纤维（丝袜）回弹性极佳，可拉伸后固定形成曲面（图6–1–3）。此方法常用于表现膜结构曲面形态。

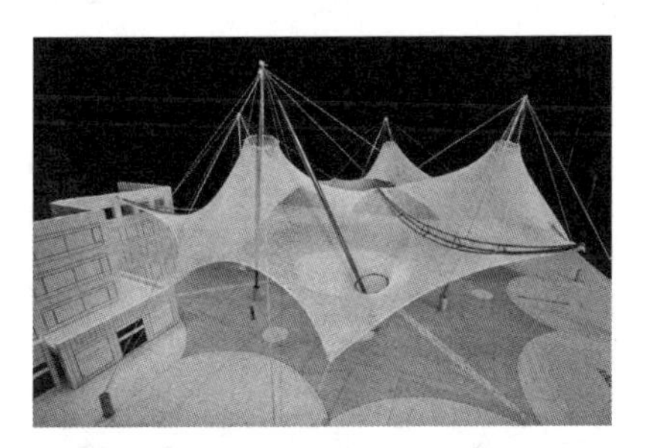

图6-1-3 ASU校园SkySong综合体项目标志物模型

3）纸类材料

白纸、卡纸、牛皮纸等纸类材料质地较软，易弯曲，可通过直接弯曲、裁剪等方法制作曲面。还可利用褶皱模拟曲面形态，产生不同肌理（图6–1–4）。

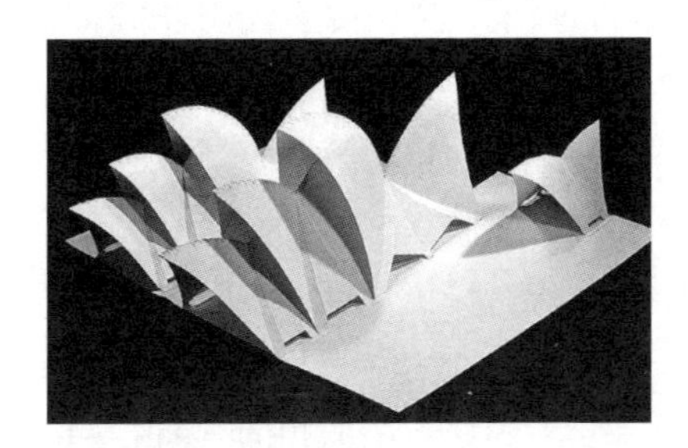

图6-1-4 悉尼歌剧院纸模型

单面瓦楞纸板易于沿光滑面向内弯曲，因此也可以用直接弯曲的方法制作曲面。

纸筒作为一种特殊的纸类材料，其本身就是柱面形态，因此可以通过简单的挖切方法制作柱状的曲面（图6–1–5）。

图6-1-5 非洲当代艺术博物馆纸模型

4）金属板材

可自成曲面的金属板材有薄金属板和金属网，其中较常用的是金属网。金属网具有一定的可塑性，但相较于织物更不易变形，可直接弯曲制作曲面（图6–1–6）。

图6-1-6 丹麦玛丽海伊文化中心模型

5）轻木板

轻木板沿木纹方向易于切割，垂直于木纹方向易于弯折。较简单的二维曲面可以由轻木板沿垂直其木纹的方向弯曲来塑造，弯曲时切忌用力过猛导致轻木板折裂（图 6-1-7）。

图 6-1-7　日本千叶县富里市屋顶社区模型

6）发泡塑料和硬塑料材料

雪弗板、KT 板、PVC 板、亚克力板等通常用于制作平面，也可以通过一定的加工方法制作曲面。常用的方法有直接弯曲法和加热法（图 6-1-8）。

图 6-1-8　庐山世界建筑博览园模型

2. 组合形成曲面的材料

1）棉线和丝线

棉线和丝线很少用于建筑模型制作。由于线可以任意弯曲，因此可用编织的方法制作网状的曲面。棉线和丝线编织的曲面在一定程度上可以视为织物制作曲面的不同表达方式（图 6-1-9）。

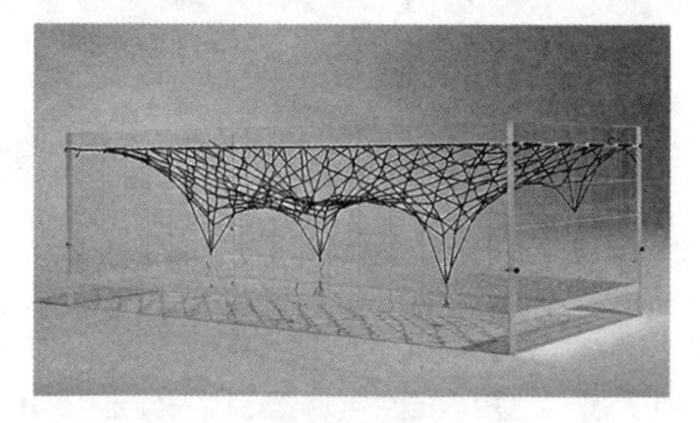

图 6-1-9　棉线编织制作曲面

2）木、竹、塑料、金属管材

木、竹、塑料、金属管材性质不同，但组合形成曲面的原理相同，即用线的形式模拟曲面结构线，以曲面结构线代替完整曲面。

木制管材（如方木棒、圆木棒）不易弯曲，适用于制作直线形态的结构线；还可用木板切割出曲线的木条制作弯曲的结构线（图 6-1-10）。

竹制管材（如竹条、竹篾）、塑料管材（ABS 管）可以弯曲，适用于制作弯曲的结构线（图 6-1-11）。

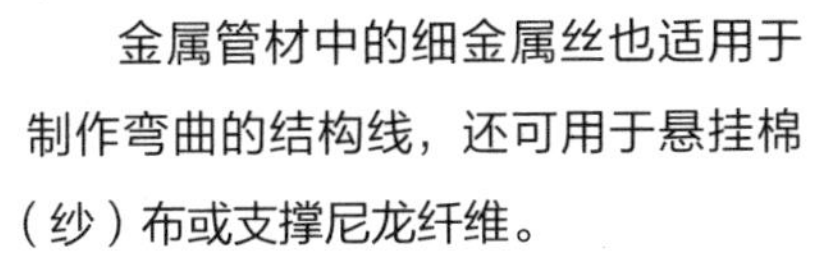

金属管材中的细金属丝也适用于制作弯曲的结构线，还可用于悬挂棉（纱）布或支撑尼龙纤维。

3）纸板、硬木板、发泡塑料

纸板（如双面瓦楞纸板）、硬木板和发泡塑料板（如雪弗板、KT 板等）难以弯曲且极易产生折痕，但通过一定的裁切与堆叠也可用于制作曲面（图 6–1–12）。

图 6-1-10　木棒制作曲面建筑模型

图 6-1-11　竹条制作曲面建筑模型

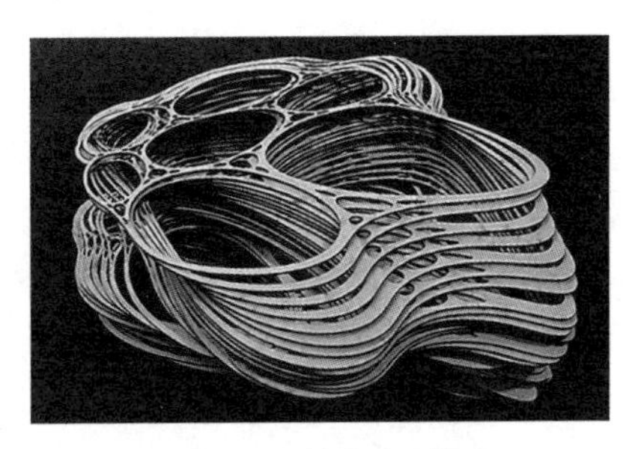

图 6-1-12　多层平面叠加组合成曲面

6.2　二维曲面建筑模型表达

1. 二维曲面的分类

二维曲面指可直接展开成平面的曲面。建筑中常见的二维曲面有柱面、锥面和单一曲线沿直轴线拉伸生成的曲面（图 6–2–1）。

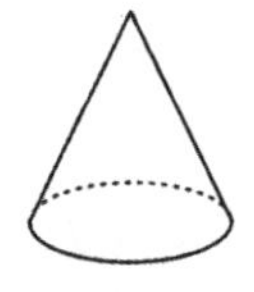

（a）圆锥

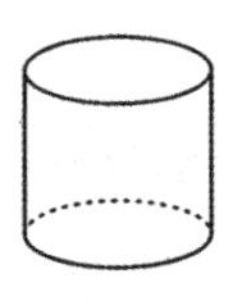

（b）圆柱

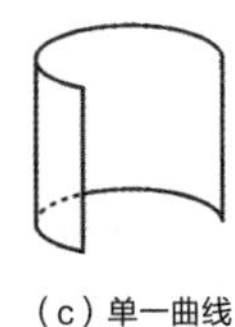

（c）单一曲线沿直轴线拉伸生成的曲面

图 6-2-1　二维曲面分类

2. 适用于二维曲面加工的材料及方法

适用于二维曲面加工的材料主要有木材、纸类材料、金属材料、发泡塑料和硬塑料材料，制作过程较简单。常用于制作二维曲面建筑模型的材料及其特点见附录五。

1）直接弯曲形成曲面

雪弗板、PVC 板等本身具有一定的弯曲性能，以雪弗板为例，其两个相互垂直方向分别具有易弯曲性和不易弯曲性，可沿易弯曲方向直接弯曲形成二维曲面。

2）加热形成曲面

直接弯曲法操作简单，但容易产生折痕。若追求曲面光滑度，推荐采用加热法制作曲面。此法常用于加工发泡塑料材料。常用的加热方法可分为沸水加热法和热风枪加热法。

（1）沸水加热法。

常用于较薄的亚克力板，直接将亚克力板浸入沸水中弯曲定形。此方法操作简单，但效果较差。

（2）热风枪加热法。

需要用热风枪将雪弗板加热至软化状态，手工弯曲成曲面，冷却后成型。若无热风枪，也可用家用电吹风代替。

对于 PVC 板，还可在加热至均匀软化时用模具挤压出曲面。

3）连续折面组合形成曲面

对于纸板、木板、发泡塑料等材料，可用连续折面组合形成曲面的方法制作二维曲面（图 6-2-2）。

（a）在曲面弯曲的离心一面沿展开方向依次开槽（切出划痕）

（b）向开槽面的反方向弯曲板材

图 6-2-2　连续折面组合成曲面

4）结构线组合形成曲面

对于木棒、金属棒等不易弯折的管状或条状材料，可将直线形态的结构线组合形成曲面（图 6-2-3）。

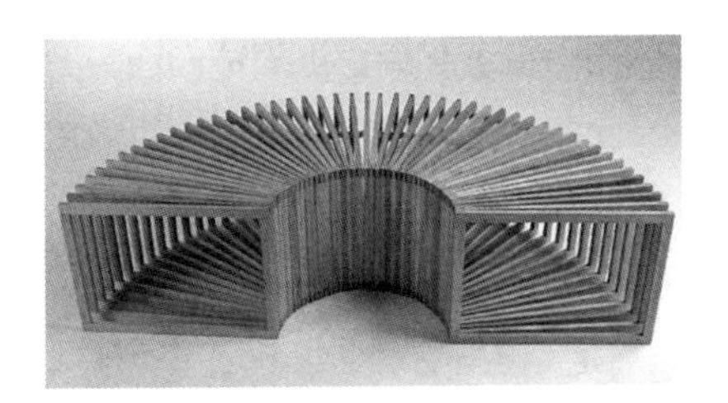

图 6-2-3 直线形态的结构线组合形成曲面

5）浇筑制作曲面

石膏、混凝土和蜡等流体材料可通过浇筑制作二维曲面，其制作方法比较简单，具体操作详见三维曲面制作。

6.3 三维曲面建筑模型表达

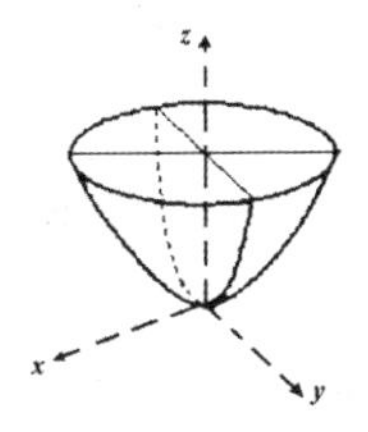

（a）椭圆抛物面

（b）双曲面

（c）马鞍面

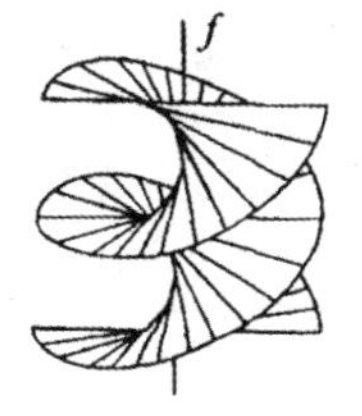

（d）螺旋曲面

图 6-3-1 三维曲面分类

1. 三维曲面的分类

三维曲面指不能直接展开成平面的曲面。建筑中常见的三维曲面有椭圆抛物面、双曲面、马鞍面、螺旋曲面等（图 6-3-1）。

2. 适用于三维曲面加工的材料及方法

三维曲面的加工方法与二维曲面相比更加复杂。常用于加工三维曲面建筑模型的材料及其特点见附录六。

1）直接形成曲面

纸类材料、织物等材料易于塑造不同形态，可利用材料自身特性直接制作三维曲面。纸类材料可以使用弯曲后拼接、揉皱等方法；织物可以使用拉伸、悬挂等方法。

2）加热形成曲面

PVC 板等具有热塑性的塑料材料可以用热风枪加热，配合模具制作三维曲面。加热方法与制作二维曲面相同。

3）结构线组合形成曲面

木条、竹条、塑料管、金属棒等线性材料，可将直线和曲线两种形态的结构线组合形成三维曲面。无法直接弯曲的材料可以利用激光切割机制作曲线形式的结构线或用其他可弯曲的材料辅助（图6-3-2）。

图6-3-2 格列汀博物馆（Gulating Museum）提案模型

4）网格状结构组合形成曲面

对于包含结构厚度的曲面，可将曲面转化为网格状结构。先制作出每一片构件，在交接位置预先开槽，然后将构件拼装成曲面（图6-3-3）。

图6-3-3 网格状结构组合成曲面模型

5）多层平面叠加形成曲面

对于较复杂的三维曲面，可沿水平方向或竖直方向将其等距切分为多层平面，切割出每层平面的形状，逐层堆叠，堆叠后的连续断面即可形成三维曲面。

6）编织形成曲面

棉线和丝线可用编织的方法制作三维曲面，不同的编织方法可以产生不同的肌理效果。

7）浇筑制作曲面

石膏、混凝土和蜡等流体材料可通过浇筑制作三维曲面，浇筑前需要制作模具用来翻制最终的模型。不同造型和不同用途的模型有不同的翻制方式，开始制作前应分析模型的虚实形态和翻制方法，选择最为简便的方法进行模型制作。此处主要讲解两种基本方法。

（1）骨架法

先用卡纸、铁丝等材料制作简单骨架，调制石膏后涂抹在骨架上。此方法利用轻质骨架为液态石膏提供竖向支撑，使其在竖向上更易于塑形，同时避免实心石膏模型质量过重。

（2）反模法

选用不易吸水的材料翻制曲面模具（即反模），将调制好的石膏倒入模具中，待石膏固化后脱模，制成实体的曲面模型。浇筑石膏前也可用轻质骨料填充实体部分，制作空心模型。

8）3D 打印制作曲面

ABS 塑料具有热塑性，主要应用于 3D 打印制作三维曲面。3D 打印的主要原理之一是热熔层压法，将 ABS 塑料和支撑材料加热熔化后挤出，通过多层打印的方式形成曲面形态（图 6-3-4）。

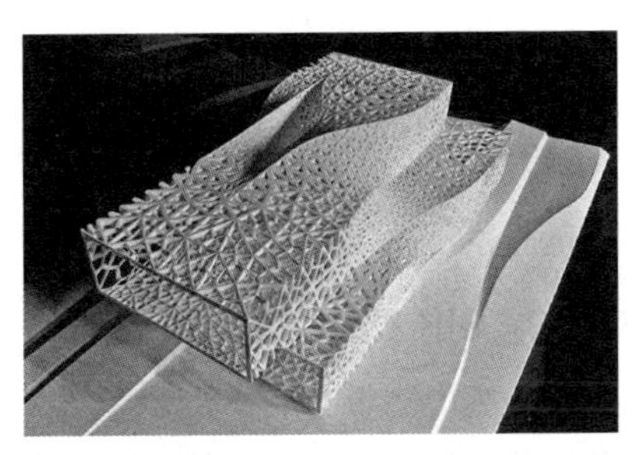

图 6-3-4 Jellyfish House（水母别墅）3D 打印模型

在打印之前，先准备好虚拟模型文件并转换成 3D 打印机能够识别的格式（如 *.stl），将虚拟模型文件导入 3D 打印机，装入打印材料，调试平台，设定打印参数，然后开始打印。打印完成后再进行后期处理，完成整体模型。

6.4 典型二维曲面模型制作

雪弗板加热模型制作

1. 雪弗板加热模型

1）课题概述

（1）**设计名称：**上海龙美术馆西岸馆

（2）**设计者：**大舍建筑设计事务所

（3）**方案简介：**龙美术馆西岸馆采用独立的“伞拱”悬挑结构，在形态上与江边码头的煤料斗相呼应，自由布局的剪力墙与原有框架结构柱浇筑在一起。龙美术馆模型的重点在于“伞拱”结构形态的表达。

2）制作要点

（1）**模型构思：**制作地上部分的建筑体量模型来重点表达“伞拱”的二维曲面形态。将“伞拱”单体分解为两个二维曲面和一个平面；用加热法使雪弗板弯曲制作二维曲面，形成流畅的“伞拱”形态。

（2）**比例：**1∶100。

（3）**材料：**2mm 雪弗板，2mm 透明亚克力板，2mm 红色亚克力板；502 胶水。

（4）**工具：**美工刀，热风枪。

3）制作步骤

Step 1　确定比例和材料："伞拱"结构地上部分最大高度约 12m，弯曲起始点最大高度约 8m，确定模型比例为 1∶100。结构厚度为 200mm 或 400mm，选择厚度为 2mm 的雪弗板制作模型（图 6-4-1）。

Step 2　制作展开平面：在虚拟模型软件（SketchUp/Rhino）中展开曲面，根据展开平面尺寸切割雪弗板（图 6-4-2）。

Step 3　制作结构单体：用热风枪加热使雪弗板弯曲（注意贴合曲面的弧度），制作"伞拱"结构单体（图 6-4-3）。

Step 4　组合结构单体：固定"伞拱"结构，完成地上部分模型（图 6-4-4）。

Step 5　环境表达：制作配景人物（图 6-4-5）。

Step 1

图 6-4-1　选择材料

■ 选择厚度为 2mm 的雪弗板制作模型。

Step 2

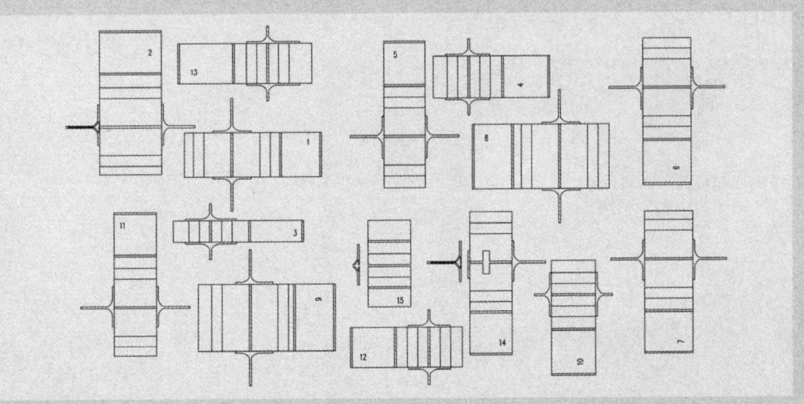

（a）平面图纸

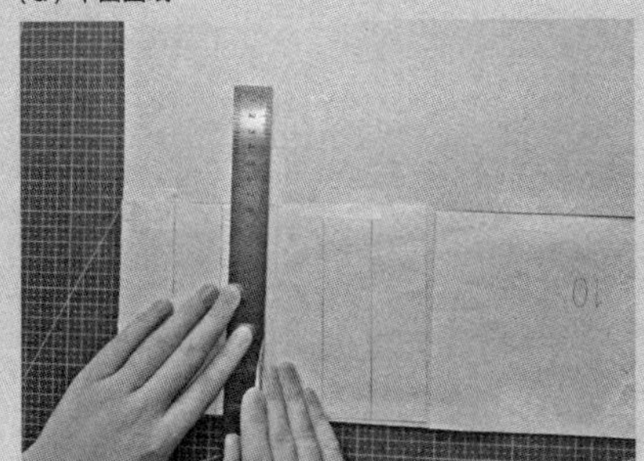

（b）切割雪弗板

图 6-4-2 制作展开平面

■ 1. 在 SketchUp 软件中使用“Unwrap and Flatten Faces（展开压平）”插件展开曲面。Rhino 软件中可用“UnrollSrf”命令展开曲面。

■ 2. 各展开曲面导出整理为图纸打印。

■ 3. 将图纸固定在雪弗板上，根据展开平面切割雪弗板。

Step 3

（a）加热雪弗板

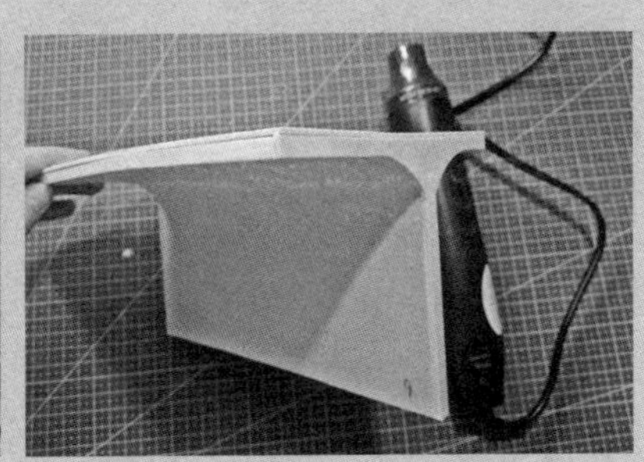

（b）粘贴弧面

图 6-4-3 制作结构单体

■ 1. 用雪弗板切割出“伞拱”的横截断面，得到曲面弧度。

■ 2. 用热风枪将雪弗板加热至软化状态，弯曲雪弗板，使其贴合曲面弧度。

■ 3. 将曲面和顶面用 502 胶固定，即为一个“伞拱”结构单体。

Step 4

图 6-4-4　组合结构单体

■ 1. 用铅笔标记各单体拼接位置。
■ 2. 粘合各结构单体。

Step 5

图 6-4-5　环境表达

■ 1. 可用透明亚克力块材整体雕刻出地下建筑部分，也可用透明亚克力板制作地下建筑部分，方法与用雪弗板制作地上部分类似。
■ 2. 组装地上和地下两部分。
■ 3. 用红色亚克力板切割出配景人物，粘在建筑上，其他方法可参考第 3 章。

2. 石膏模型

1）课题概述

（1）**设计名称：**空园

（2）**设计者：**TAOA 陶磊建筑

（3）**方案简介：**空园是一个建造在佛山千灯湖公园中的空间装置，选用清水混凝土来铸造自由的曲面形体，在场地内原有的树木间伸展开来，使混凝土变得柔软，内部空间经过转化和消隐形成抽象的风景。

2）制作要点

（1）**模型构思：**空园装置主体为曲面墙体，还包括长方形入口空间和底座。曲面形态比较简单，可用反模法分别翻制两部分模型，最后将入口空间体块和底座粘贴在主体曲面墙体上。

（2）**比例：**1：25。

（3）**材料：**石膏粉，油泥，普通灰泥，木板，铜片、亚克力片、铝片、卡纸。

（4）**工具：**标记笔，胶带，美工刀，泥塑刀，剪刀，锉刀，水盆，砂纸。

3）制作步骤

Step 1 **前期准备：**准备好制作模型需要的材料和工具（图 6-4-6）。

Step 2 **制作模具底座：**用油泥（或灰泥）制作泥板，在泥板上按照平面图纸标识出建筑轮廓线（图 6-4-7）。

Step 3 **插片：**用亚克力片（或铜片）按照轮廓线进行插片，片与片之间尽量贴紧，顺序为从里到外（图 6-4-8）。

Step 4 **调制石膏：**在塑料水盆中调制石膏，石膏粉与水的比例约为 1：1。搅拌石膏至黏稠水糊状态且无块状固体颗粒即可（图 6-4-9）。

Step 5 **浇筑石膏：**缓慢浇筑石膏至模型需要的高度，静置等待石膏凝固、晾干（图 6-4-10）。

Step 6 **脱模：**待石膏完全凝固后，拆除模具，得到主体模型的正形（图 6-4-11）。

Step 7 **后期加工：**翻制底座和入口体块模型；用锉刀对模型进行修整、修补；将底座和入口体块粘贴在主体上（图 6-4-12）。

Step 8 **环境表达：**在 Photoshop 中拼贴配景植物，丰富环境表达（图 6-4-13）。

制作模具

后续浇筑与打磨

Step 1

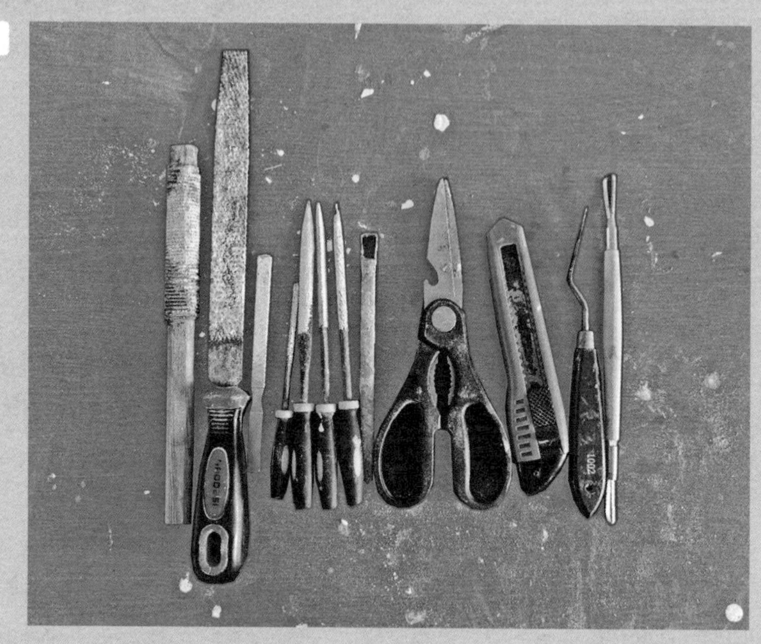

图 6-4-6　前期准备

■ 工具从左到右依次为：各种锉刀、刮刀、剪刀、美工刀、油画刀、刮刀。

Step 2

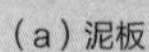

（a）泥板

（b）放置平面图纸

图 6-4-7　制作模具底座

■ 1. 用油泥（或灰泥）制作一个泥板，把模型的平面图纸放置于泥板上。

■ 2. 用小铁丝或者小针在泥板上连续戳孔标识出建筑的轮廓线，标识时可稍微留出空间。

■ 3. 标注清楚后将平面图揭去。

Step 3

（a）内侧插片

（b）外侧插片

图 6-4-8　插片

■ 1. 将亚克力片（或铜片）按照轮廓线依次插入泥板中，片与片之间尽量贴紧，先插内侧轮廓，后插外侧轮廓。

■ 2. 插片完成后，用胶带密封插片之间的空隙，防止倒入石膏时石膏从间隙流出。

■ 3. 用标记笔标注模型的高度。

Step 4

图 6-4-9　调制石膏

■ 1. 准备塑料水盆，估计壳体大小，向水盆中加水，水量略大于壳体的体积即可。

■ 2. 将适量石膏粉均匀地撒在水的表面，石膏粉与水的比例约为 1 : 1（注意分次均匀倒入，否则容易出现结块或部分凝固现象，难以搅拌均匀，且不可将水倒入石膏粉）。

■ 3. 待石膏粉吸足水后（浸泡 1 ~ 2min），用手（或木棒）顺时针方向缓慢均匀地搅拌，以减少气泡产生，直至石膏呈黏稠水糊状态且无块状固体颗粒时，可以进行浇筑。

Step 5

图 6-4-10　浇筑石膏

■ 1. 将石膏浆倒入刚制作的模具中，避免气泡产生，浇筑时使石膏浆缓慢流动，直至淹没到模型需要的高度。

■ 2. 浇筑完成后，轻敲模具，使石膏浆里的气泡浮出表面。

■ 3. 静置，等待石膏反应，凝固，晾干（晴天一般需要 36h，若遇到阴雨天则需要 2 ~ 3d）。

Step 6

图 6-4-11　脱模

■ 待石膏完全凝固后，缓慢拆除插片模具，得到主体模型的正形。

Step 7

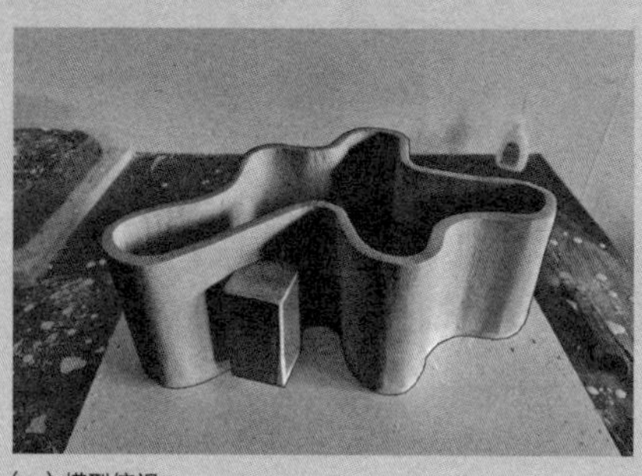

（a）模型俯视

（b）模型正立面

图 6-4-12　后期加工

■ 1. 翻制模型底座和入口长方体体块模型，浇筑底座模型前可在主体石膏模型内壁下边沿打孔，使底座模型浇筑后与主体连为一体；入口长方体体块制作方法与制作主体模型相同。

■ 2. 用锉刀对制作完成的石膏模型进行修整、修补，修补时可蘸取石膏粉进行填补，凝固后用砂纸磨平。

■ 3. 用乳白胶将入口体块粘在主体上。

Step 8

图 6-4-13　环境表达

■ 在 Photoshop 中拼贴配景植物，制作实物配景树的方法可参考第 3 章。

6.5 典型三维曲面模型制作

3D 打印

1. 课题概述

（1）**设计名称：** 孔隙——重庆鲁祖庙市民文化中心

（2）**设计者：** 陈飞樾

（3）**指导老师：** 陈俊

（4）**方案简介：** 本课题为市民文化中心设计，场地毗邻解放碑，是鲁祖庙原址。该方案通过壳体屋顶将内部功能空间覆盖为一个整体，壳体的开洞形成中庭空间，将外部环境引入建筑内部，加强内外空间的交融。

2. 制作要点

（1）**模型构思：** 对模型精细度要求不高，壳体屋顶是模型表达的重点。壳体上存在开洞处理，手工制作难度较大且精细度低。为了更好地表达包含开洞的壳体形态，采用 3D 打印技术制作壳体模型。

（2）**比例：** 1∶300。

（3）**材料：** ABS 塑料、2mm 椴木板、502 胶水。

（4）**工具：** 3D 打印机。

3. 制作步骤

Step 1 **处理面：** 处理虚拟模型的面，确保模型是一个封闭实体（图 6-5-1）。

Step 2 **导出模型：** 对虚拟模型进行切片处理；导出为 3D 打印机能够识别的 *.stl 格式（图 6-5-2）。

Step 3 **测试准备：** 启动 3D 打印机，连接电脑，打开驱动软件；铲除打印平台上的残余材料，清理时建议佩戴手套，以免误伤；检测材料挤出是否正常；校准平台；导入模型（图 6-5-3）。

Step 4 **打印模型：** 开始打印模型，打印过程中切勿触摸喷嘴，打印结束后清理模型（图 6-5-4）。

Step 5 **环境表达：** 制作建筑内部空间和场地，放置壳体模型；制作配景树（图 6-5-5）。

Step 1

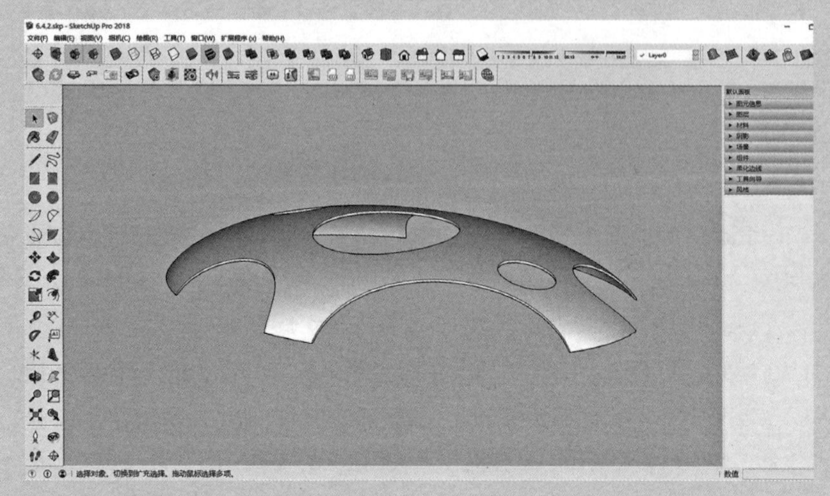

图 6-5-1　处理面

■ 建模完成后处理虚拟模型（SketchUp）的面，统一正面朝外，删去多余的面，确保虚拟模型是一个精确的封闭实体。

Step 2

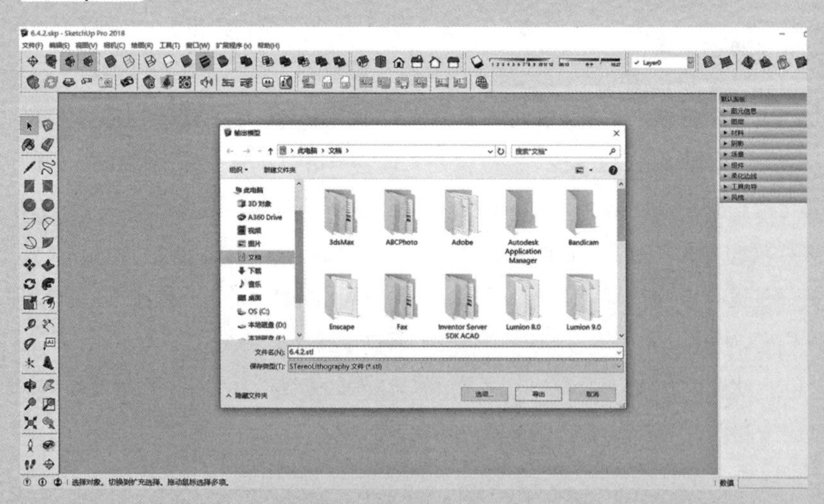

图 6-5-2　导出模型

■ 1. 对虚拟模型进行切片处理，分为易于打印的几部分。

■ 2. 点击文件—导出—三维模型，将虚拟模型导出为 *.stl 格式。

Step 3

图 6-5-3　测试准备

■ 1. 取下打印平台，用铲子铲去平台上残留的打印材料，清理干净后装回原位。
■ 2. 启动 3D 打印机，将电脑连接至打印机，打开驱动软件，点击初始化打印机。
■ 3. 检查挤出机进料口是否有残余材料，若有，则铲去残余材料。
■ 4. 点击维护—挤出，测试材料挤出是否正常。
■ 5. 校准打印平台，设置喷嘴高度，调整喷嘴与平台之间的距离约为 0.2mm。
■ 6. 检查并调整打印平台各点到喷嘴的距离均约为 0.2mm，确定各点位置喷嘴不会触碰打印平台。
■ 7. 导入虚拟模型，调整模型大小，使模型大小不超过打印平台范围，点击自动摆放，使模型居于中间位置。

Step 4

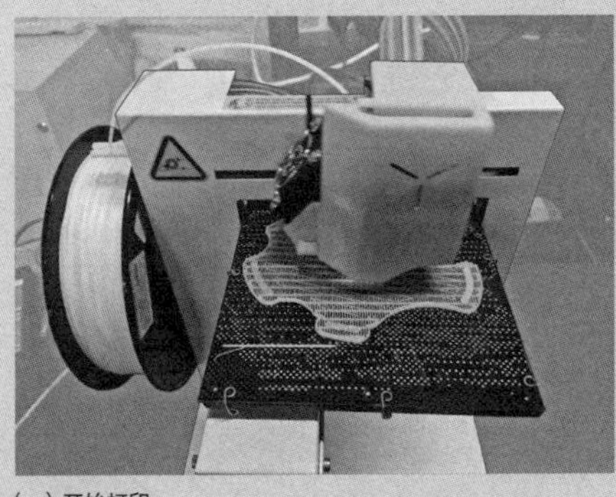

（a）开始打印

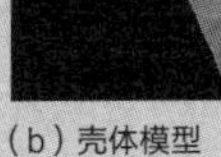

（b）壳体模型

图 6-5-4　打印模型

■ 1. 点击打印，调节打印设置，待喷头温度加热到设定温度时开始打印。
■ 2. 打印完成，从机器中取出打印平台，用铲刀铲下底板，得到壳体模型，使用铲刀时建议佩戴手套。
■ 3. 关闭机器。

Step 5

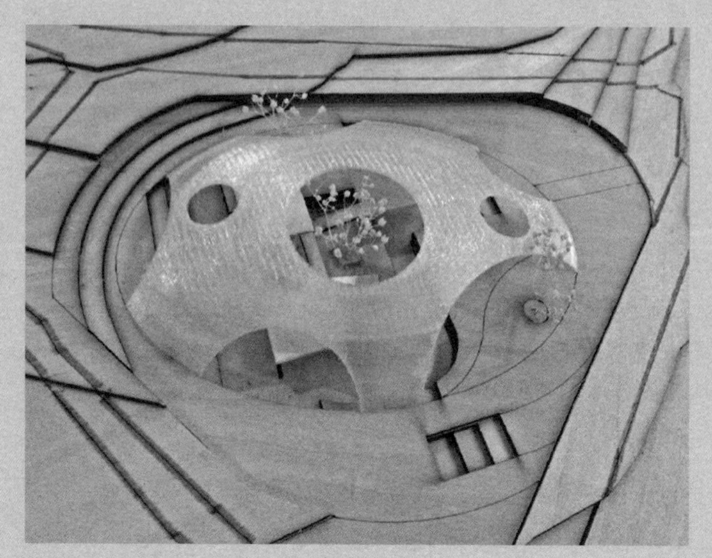

图 6-5-5　环境表达

■ 1. 用 2mm 椴木板制作壳体内部建筑模型及场地模型，道路、绿化简化为刻线。
■ 2. 将壳体模型放入场地模型中。
■ 3. 用米黄色干花制作配景树，其他制作方法可参考第 3 章。

LEVEL D
建筑模型高阶

第 7 章　传统古典建筑模型表达

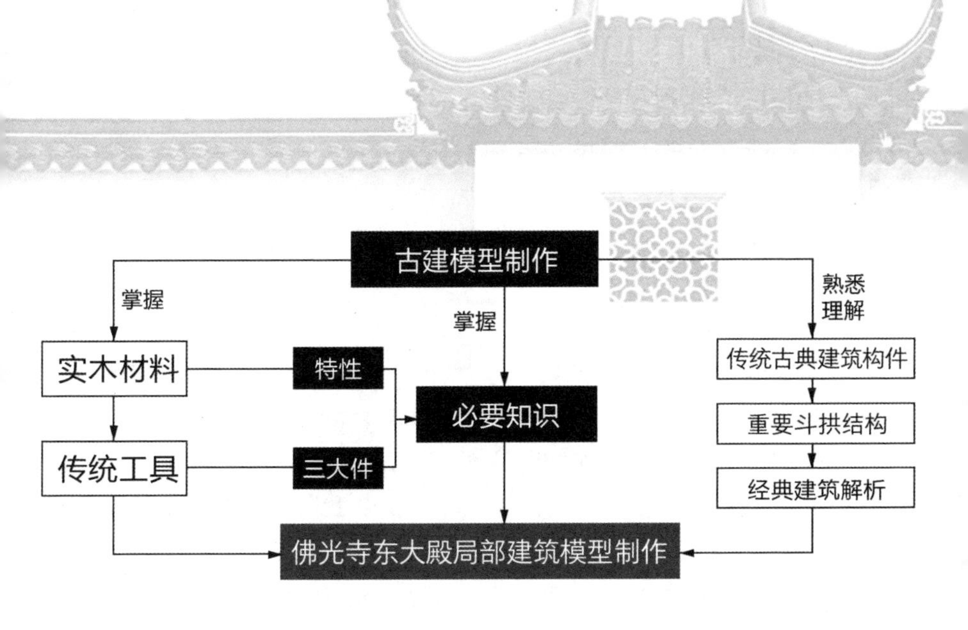

前面几个章节已经对多数建筑模型的制作方法进行了详细介绍，接下来，随着建筑学专业进入高年级，对模型制作的要求也变得专业而多样化。

这一章是令人兴奋的一个章节。因为本章将要开启传统古建构造模型的制作奥秘，中国古建当中融入了中华民族的伟大文化和智慧，民族的也是世界的，中国古建把木材的本质特性利用到极致，做好古建模型的过程，是一个不断追根溯源的过程，即更加深入地理解木材、理解工具的基本原理、理解榫卯结构的本质。

本章最后以中国传统古典建筑的典范——山西五台山佛光寺东大殿局部建筑模型制作为例，详细演示了古建模型制作的方法和步骤，直观反映了佛光寺精妙绝伦的结构特征，也带来更多的仿古建筑设计灵感。

7.1 材料与工具

1. 实木材料的“最少必要知识”

中国传统古典建筑是基于实木加工的一整套科学系统，要制作古建模型，首先就要对实木有充分的理解。下面简要地列出关于实木加工的“最少必要知识”。

1）木纤维

木材是由沿着枝干向上生长的细胞组成，这些细胞的基本构成都是纤维素，它们通过木质素粘在一起（图 7-1-1、图 7-1-2）。

从图中可以看到，木材取自树木的树干，仔细观察木材纹理就可以看到丝状的木纤维，而且木纤维的方向与树生长的方向一致。如果我们把木块放在显微镜下看，木纤维就像是一把被捆在一起的吸管，只不过它们并不是真地被捆在一起，而是被木质素（树木天然形成的“粘合剂”）粘在了一起，从而形成了木块。

但木质素又并不是那么牢固，纤维与纤维之间是很容易分开的。这就是为什么劈木头的时候，虽然斧子只砍到了木材的一头，但是木材却顺着纤维的方向自己裂开了。

2）木材特性

现在我们知道了木纤维很容易被分开，那么木纤维容易被扯断吗？我们都有这样的经验，一根筷子是很容易折断的，但是如果想一次折断十根筷子那就几乎不可能了。这就是木纤

图 7-1-1　用斧劈开木纤维

（a）树干

（b）木材

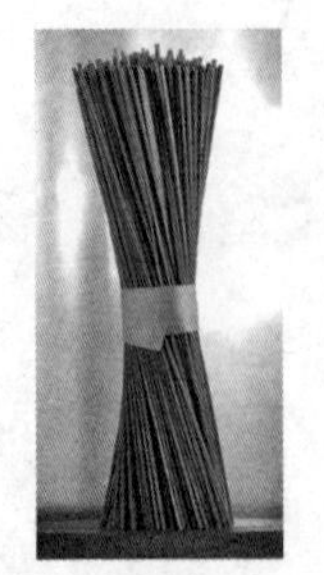

（c）木纤维

图 7-1-2　木材的本质

维的另一个特点，如果纤维的数量达到一定程度，它们的抗拉、抗折强度就很高。这就是为什么一棵树能长得像楼房一样高，却屹立不倒的原因。

现在我们知道了木纤维的两大特点：很容易被分开，很难被扯断。那就来思考一下下面这个问题。

图 7-1-3 是三把木梳的设计图，图上线条表示了木纤维的方向。判断哪把木梳最科学？

A 第一把；B 第二把；C 第三把。

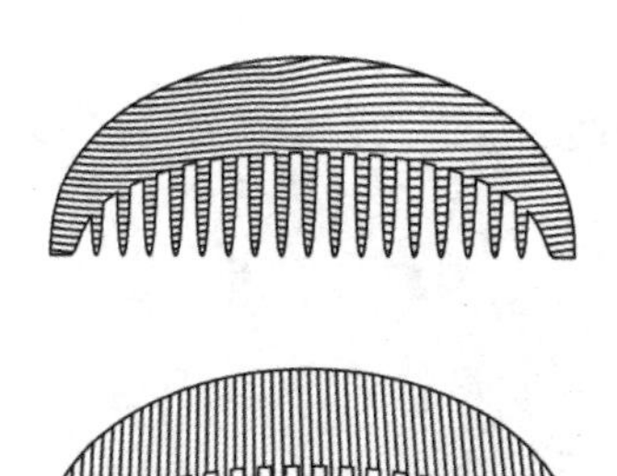

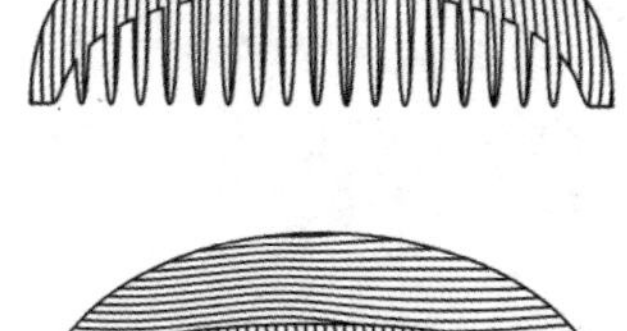

图 7-1-3 木梳与木纤维

正确答案是 C。第一把的木纤维是横向的，梳齿的纤维就太短了，使用时齿很容易折断。第二把的木纤维是纵向的，梳齿的方向与纤维方向一致，不容易断，但是梳背就比较容易摔断。第三把使用两块不同方向的木头粘在一起，既保证了梳齿又保证了梳背都与纤维的方向一致，只有这样才能使梳子经久耐用。

2. 木工“三大件”

1）锯子

（1）锯子的横截与纵切。

木材是由木纤维组成的，在对木头进行加工的过程中，有两种基本的加工方式：垂直切断木纤维加工和顺着木纤维方向加工。

对木头进行切断木纤维的横向截断加工时，应使用横截锯。在这里锯子的主要作用是切断木纤维，所以对锯齿的要求是锋利（图 7-1-4）。

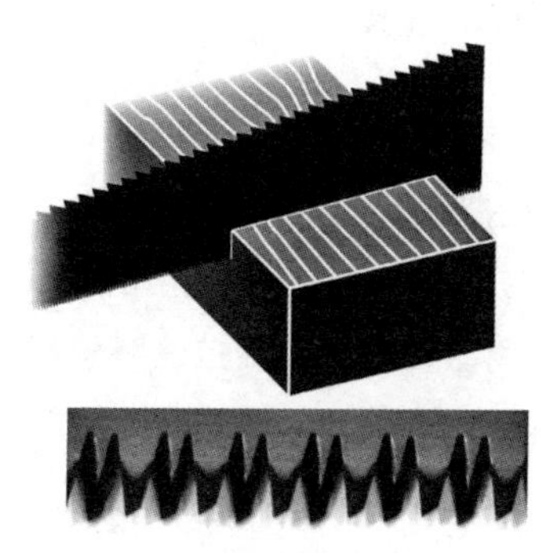

图 7-1-4 横截锯原理

每个锯齿都有几个切割面，每个切割面都有锋利的刀刃，作用在木头上可以高效地切断木纤维，达到加工目的。

在对木头进行顺着木纤维的纵切加工时，应该使用纵切锯。在这里锯子的主要作用是将木纤维从木材上“抠出来”，纵切锯的锯齿间距比较大，可以快速排出木纤维（图 7–1–5）。

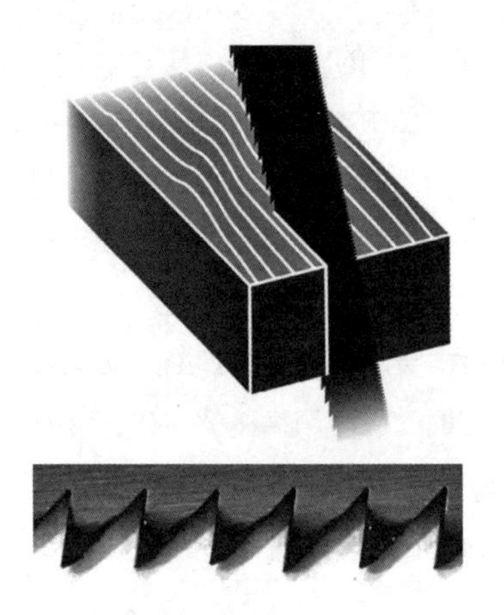

图 7-1-5 纵切锯原理

（2）锯齿与锯路。

锯齿在锯子上是按照一定方向排列的，拉锯的锯齿方向是向后的，我们在使用时应该在向后拉的时候用力。同理，推锯的锯齿方向是向前的，我们在使用时应该在向前推的时候用力。用力方向正确可以保持锯身稳定，提高锯切效率（图 7–1–6 ~ 图 7–1–8）。

图 7-1-6 锯子切入木料

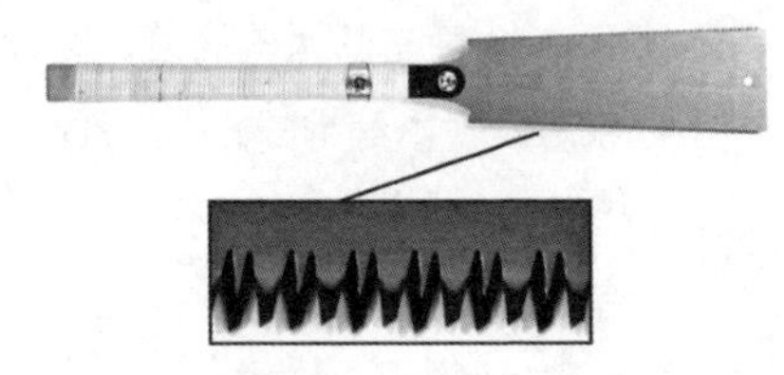

图 7-1-7 锯齿方向

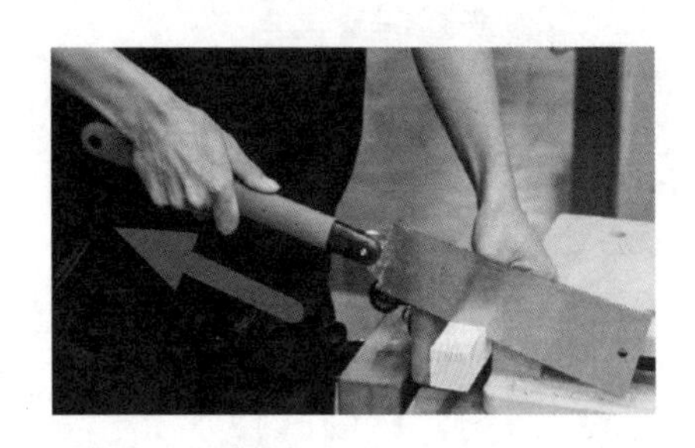

图 7-1-8 用力方向

■ 注意用力方向应与锯齿朝向一致。

锯齿在锯身上并不是直线排列的，而是左右错开的。在加工木头时，锯缝处的宽度会大于锯片厚度，方便排出木屑，防止“夹锯”和锯条磨损。由于锯路的存在，在加工过程中应注意画线与加工的位置，尽量留线加工，确保加工准确（图 7–1–9）。

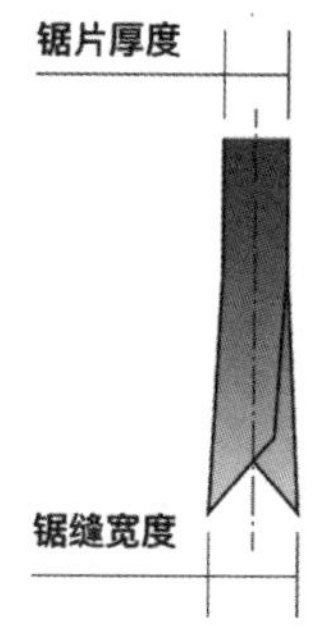

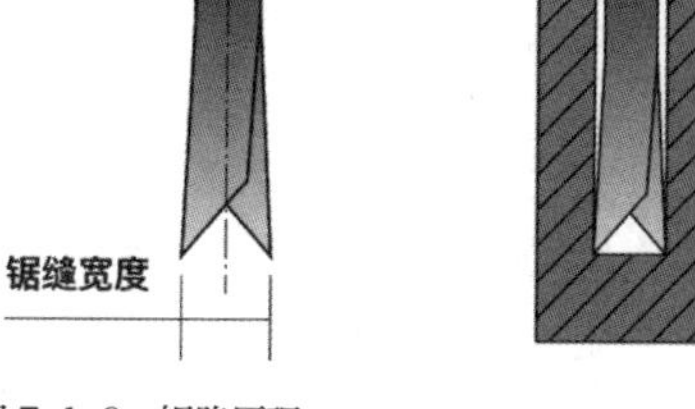

图 7-1-9 锯路原理

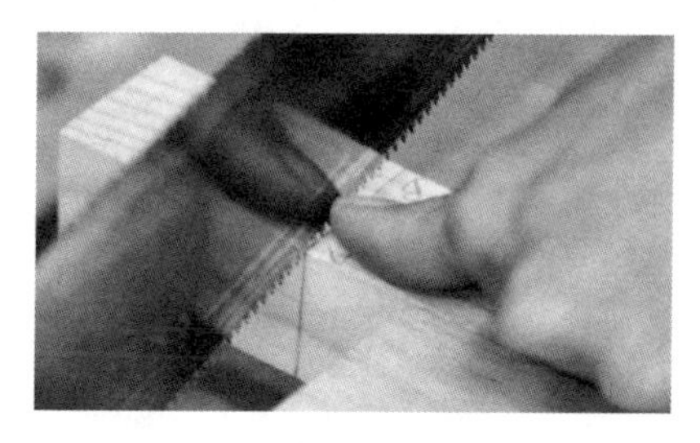

图 7-1-10 左手作为挡标示意

（3）画线与锯切。

使用锯子进行加工的第一步是画线，按照锯切需要画出标记线。第二步是将木料固定在台钳上，确保锯切时木料不会左右晃动。锯切时，一般以左手拇指作为挡标，右手使锯齿在标记线上轻轻滑动锯切（图 7-1-10、图 7-1-11）。

（4）锯切姿势。

锯切时，手臂部分以肩为轴心，手肘前后摆动，双脚张开，右脚站直，左脚微微弯曲，锯子、手、手肘成一条直线，来回推拉。锯切时，根据锯齿方向，“轻推重拉”或者“重推轻拉”，但切记不可用力向下压锯子（图 7-1-12）。

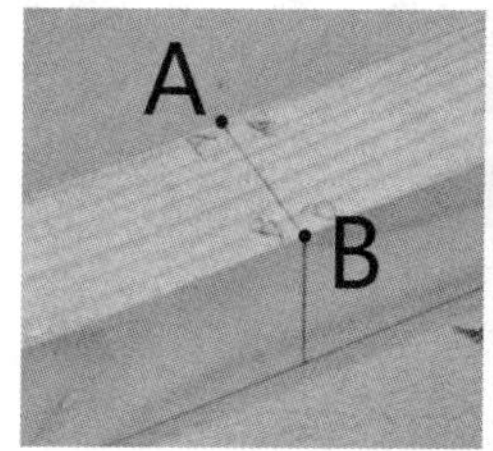

（a）画线

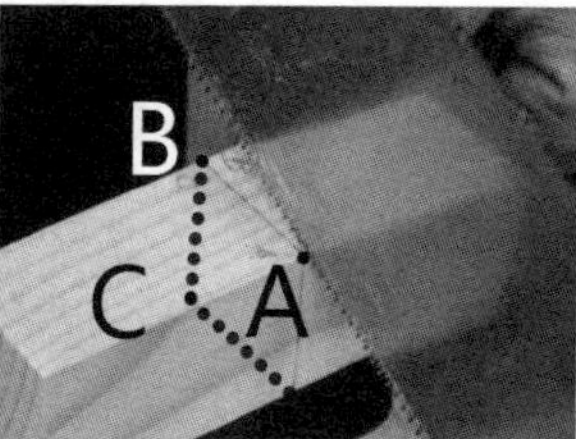

（b）准备和观察

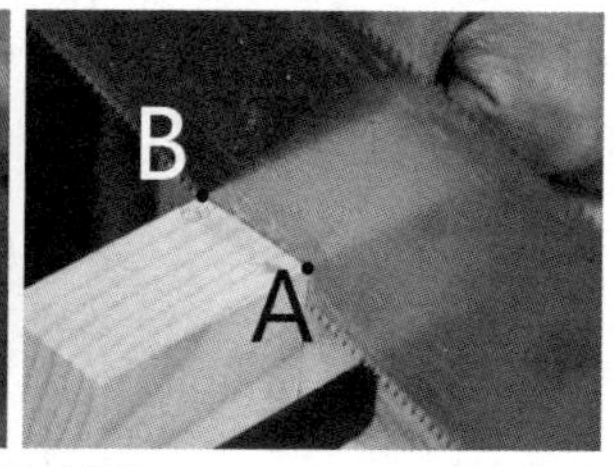

（c）锯切

图 7-1-11 画线与锯切步骤

■ 1. 锯切时，一般需在材料的各个面上画线，沿线加工，可以提升加工准确度。

■ 2. 在开始加工时，应该将锯柄处提高，与木头呈 45° 左右的切入方向切割 *A* 点。眼睛观察锯子是否沿 *AB* 线段进行锯切。

■ 3. 当锯片切入 *B* 点时，才可以慢慢拉平锯切。线段 *BC* 是锯切的参考线，线段 *AB*、*BC* 相交形成了一个平面，确保了锯切的准确性。

图 7-1-12　锯切动作

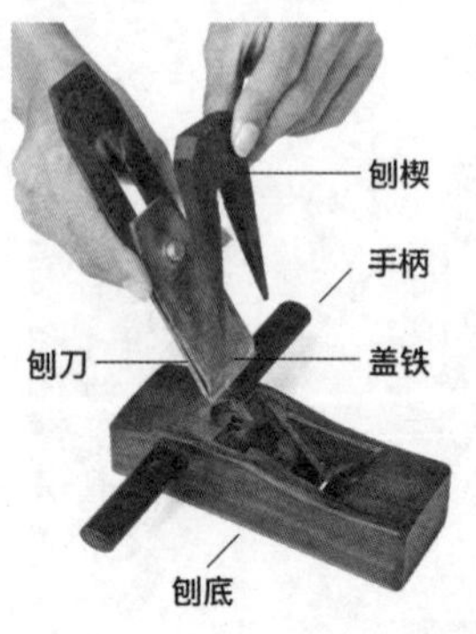

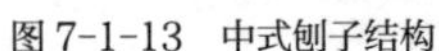

图 7-1-13　中式刨子结构

刨子的前期准备

2）刨子

在古建模型制作当中，要把面处理平整、要实现一个准确的厚度尺寸，甚至要手工制作一根梁柱，都要用到刨子。相比之下中式刨子结构简单、轻便。刨子这部分我们就以中式刨子作为讲解重点。

（1）中式刨子的结构介绍。

中式刨子由刨底、手柄、刨刀、盖铁和刨楔五部分组成。刨刀和盖铁之间由螺栓固定，通过刨楔固定在刨底上面。

刨底是刨子的主体部分，有一个平直的底面作为加工的基准面。手柄穿过刨底，是我们手握持的部位，刨刀是用来对木材进行加工的，盖铁在加工中保证刨刀不会抖动或者颤动（图 7–1–13）。

（2）使用前的准备。

平整刨底：新的刨子在使用前需要进行刨底的平整，将砂纸放在一个平面上，打磨刨子的底面，直到刨子底面完全平直（图 7–1–14）。

图 7-1-14　刨子调节

刨刀研磨：包括平整刀背、角度确定与研磨、抛光三个步骤。

盖铁、刨楔平整：盖铁下端压住刨刀处要打磨平整，紧密贴合刨刀。检查刨楔是否左右平整，不平整要进行修整。平整的刨楔在刨子内能左右均匀地压紧刨刀。

刨的拆卸和安装：拆卸时，握住一边刨柄，倒放在手中（手掌握住刨楔和刨刀后部），大拇指和食指扶住刨底，用锤子敲击刨底的尾部，直至刨楔、刨刀与刨底分离。

安装时，将刨刀插入刨底，然后将刨楔压住刨刀插入刨底，敲击刨楔与刨刀进行固定，使刨刀刀刃微微露出底面且与刨底平行。

刨子的加工原理：刨底与木头平行，刨刀在刨底中被固定成一个角度，通常为 45°。锋利的刨刀在推力的作用下向前运动，并削切木料，使木头表面达到平直光滑（图 7-1-15）。

图 7-1-15 刨削木料

（3）刨子的操作要点。

双手握住手柄，食指向前扶住刨底，大拇指放在刨底两侧。使用时，站在被加工木头的后部，使刨底贴紧木头，手腕、肘、肩部和身体的力量要全部集中于刨底上向前推出。刨子离开木头时，应该平行离开（图 7-1-16）。

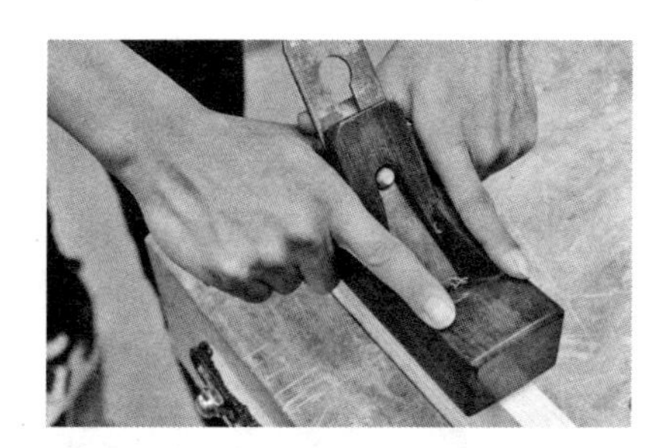

图 7-1-16 刨子的操作要点

3）凿子

榫卯结构是中式古建的精髓，要制作高质量的古建模型，榫卯结构的制作是关键。榫是指凸出的部分，一般通过锯子锯切来加工。卯是指凹陷的部分，即榫眼，要通过凿子来进行加工。凿子除了要承担制作榫眼的任务，还承担部件精修的任务。

（1）凿子的结构。

凿子由下至上分别为：凿刃、凿身、凿裤、凿柄和凿箍。凿刃是用来对木头进行加工的部位，凿子的宽度就是所加工榫眼的宽度，刃口角度一般为 30° 左右。凿裤是凿柄与凿身连接处，可以帮助更好地传导力量。凿柄一般由硬木制作，凿柄顶部安装一个凿箍，防止凿柄破裂（图 7-1-17）。

（2）使用前的准备。

凿子使用之前必须研磨。第一步：平整凿背；第二步：确定研磨角度并研磨；第三步：进行抛光与鐾刀（在牛皮

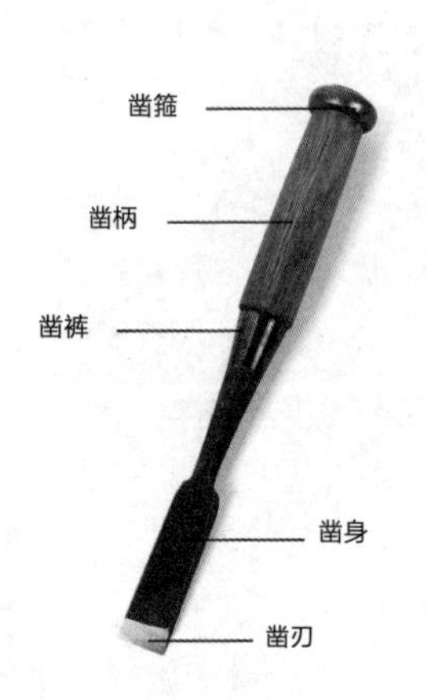

图 7-1-17　凿子的结构

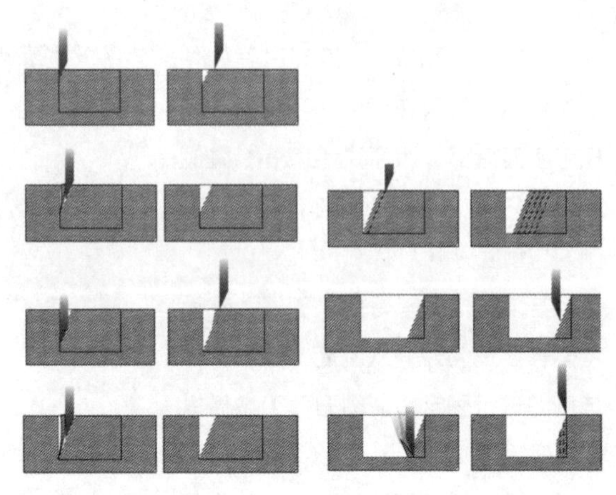

（a）凿榫眼示意图 1/2　　（b）凿榫眼示意图 2/2

图 7-1-18　凿榫眼原理示意图

■ 使用过程中，不可以手持凿子走动；放置凿子时，不要使其露出工作台面，以防凿子跌落伤脚；使用凿子时，不能将身体部位置于凿刃潜在运动方向，确保凿子前进方向上没有其他人；使用锤子时，避免敲击到自己的手。

上反复摩擦以去掉刃口残留的铁屑）。

凿子需要保证锋利：凿子在使用时保证锋利是十分重要的。锋利的凿子在加工时会十分省力，效率高。

木料的固定：将已画好榫眼线的木料固定在工作台上（不可以夹在桌钳上，夹在桌钳上进行加工会损坏桌钳）。待加工的榫眼垂直于桌边。

（3）凿子操作要点。

凿眼时，左手握凿，右手握木槌敲击，从榫眼的近端逐渐向远端凿削，先从榫眼边缘下凿，以锤击凿柄，使凿刃切入木料内，然后拔出凿子，向前移动，凿入后向前摇动。往复进行，依次向前移动凿削，一直凿到榫眼的前边线，最后再将凿面反转过来凿榫眼的后边线。凿完一面之后，将木料翻过来，按以上的方式凿削另一面。当榫眼凿透以后，使用锉刀或凿子进行修整。在敲击凿子时，凿子要垂直于木头。在凿子使用上有两句谚语：“前凿后跟，越凿越深”和“一凿三摇”（图 7-1-18）。

7.2 古建结构解析

1. 古建结构速览

中国古建筑的结构包括四大部分：台基、屋架、斗拱、屋顶。

台基：整栋房屋通过柱网组合架立在石砌承台上，有效地解决了荷载传递、地面排水、地坪坚实等问题（图7-2-1）。

屋架：整个房屋的受力是由桁、梁、枋、柱等组成的木构架承担，房屋建筑的体形大小和间数分隔也由木构架布置决定（图7-2-2）。

斗拱：柱顶采用斗拱出檐，起到结构出挑作用的同时，装饰建筑的檐部（图7-2-3）。

屋顶：屋顶垂直高度大，屋坡陡曲，屋脊峻峭，屋檐外伸距离宽（图7-2-4）。

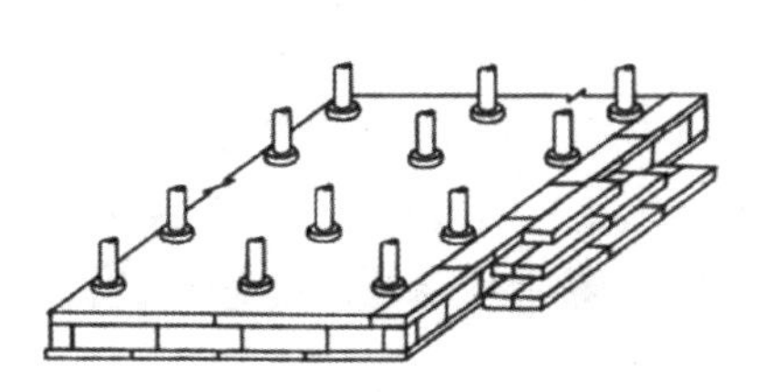

图 7-2-1 台基示意图

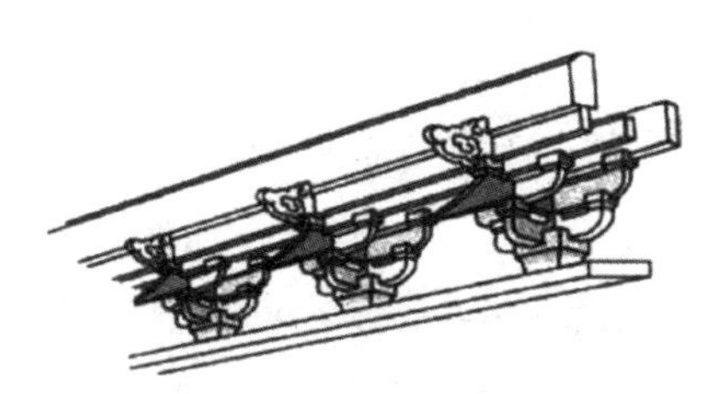

图 7-2-3 斗拱示意图

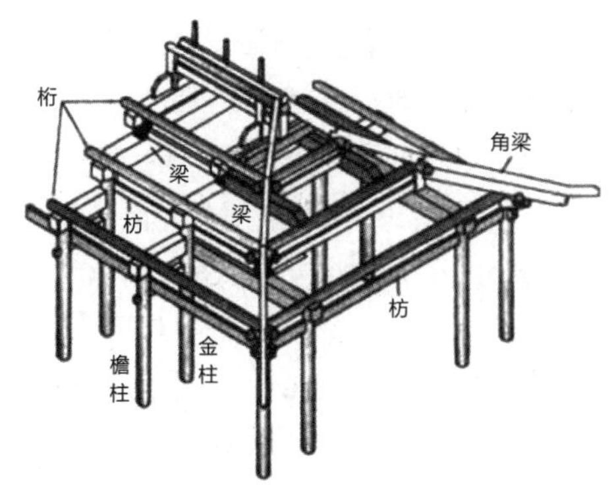

图 7-2-2 屋架示意图

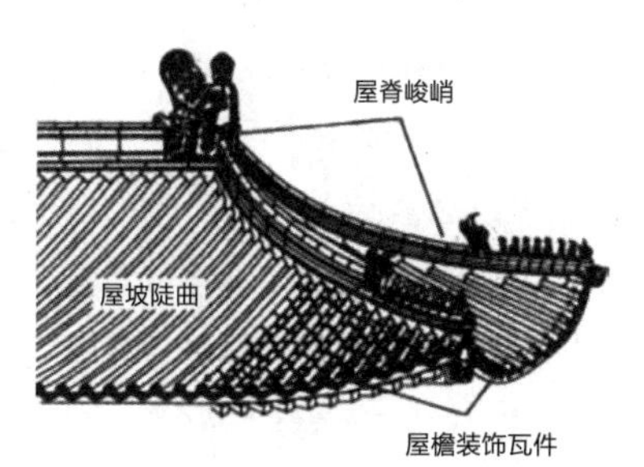

图 7-2-4 屋顶示意图

2. 难点结构解析

1）斗拱概述

再复杂的事物都可以拆分到一个最基础的单元去理解。斗拱结构有不同的层数和形式，还会配上很多彩绘使之更加美轮美奂，拆分到最基础的单元就是“斗”+“拱”。

拱：是弓形的承重结构，就像一根根“扁担”，用来分担重量。根据上文我们对木纤维的讲解，你应该知道，拱的选材一定是要顺着木纤维方向的。如果选成横纹的，那么一受力就会断裂。

斗：原本是计量粮食的容器，口大底小，外形上斗拱的“斗”和作为粮食容器的“斗”很相似。如果说拱是一根根的扁担，那么斗就是把这些扁担锁住的一把把“锁”。在锁住拱的同时，拱受到的力又最终传导到斗。

古建模型制作的基础，就是加工一对对的斗拱结构（图7-2-5）。

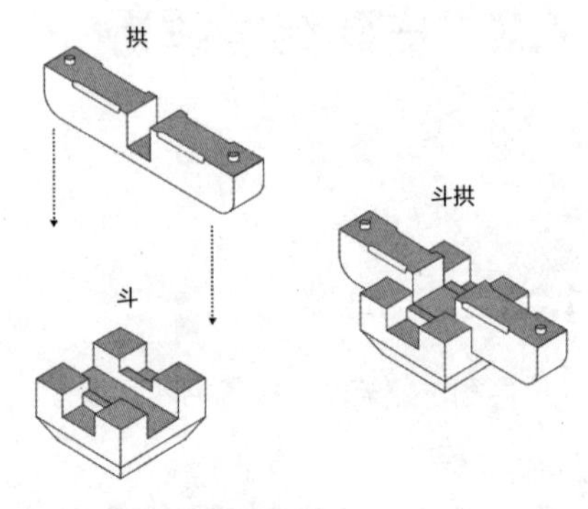

图7-2-5　斗拱基础结构

2）斗拱的功能

模型制作者常会因为不了解而困扰：做这么复杂的结构关系的意义何在？其实我们了解了斗拱的功能，会发现古建的结构要素经过数百年的时间沉淀，已没有多余的部分。

功能1　出檐：斗拱向外出挑，可把最外层的桁檩挑出一定距离。而就是这点距离，起到了至关重要的作用。有了这点距离，建筑的主要构件就避免了日晒雨淋。

功能2　抗震：构架的节点不是刚接，是采用榫卯结合的空间结构，虽会“松动”却不致“散架”，能消耗地震传来的能量，使整个房屋的地震荷载大为降低，起了抗震的作用。

功能3　装饰：装饰则不必多说，斗拱构造精巧，造型美观，如盆景，似花篮，是很好的装饰性构件。

3）斗拱的分类

斗拱可以按照位置的不同分为柱头斗拱、柱间斗拱、转角斗拱，在不同时期名称不同。

以下文的佛光寺模型为例，可以更好地帮助大家理解三类斗拱（图7-2-6）。

柱头斗拱 柱间斗拱 转角斗拱

柱头辅作 柱头科 补间铺作 平身科 转角铺作 角科

斗拱名称	宋代名称	清代名称
柱头斗拱	柱头辅作	柱头科
柱间斗拱	补间铺作	平身科
转角斗拱	转角辅作	角科

图 7-2-6 斗拱分类示意图

7.3 佛光寺东大殿局部古建模型制作

1）制作要求

在古建模型制作学习中，本着“由局部到整体、由简单到复杂”的原则。我们来一起制作五台山佛光寺中的一间，比例为 1：20。一间虽小，但几乎包含了所有结构，整体大多是局部的重复和整合。为了减小难度，在细节上进行了一些简化（图 7-3-1）。

2）图纸解析（图 7-3-2）

详细图纸分解参见附录七。

3）制作步骤

为了提高制作效率，减少初学者的制作难度，制作工具采用手工与机械相结合的方式。制作按照自下而上的顺序进行。

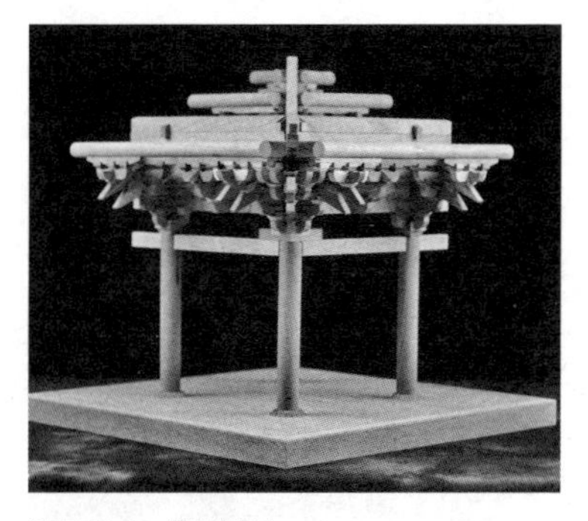

图 7-3-1 作品展示

Step 1 **制作柱基与柱子**（图 7-3-3 ~图 7-3-5）。

Step 2 **制作斗构件**（图 7-3-6 ~图 7-3-12）。

Step 3 **制作拱构件**（图 7-3-13 ~图 7-3-16）。

Step 4 **组件拼装**（图 7-3-17 ~图 7-3-26）。

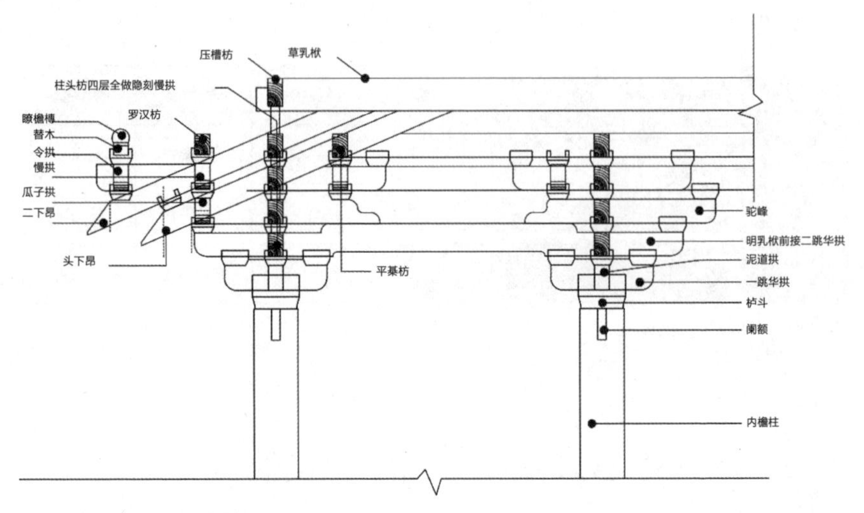

图 7-3-2 柱头分解示意剖面图

柱基与柱子制作　批量加工斗（1）　批量加工斗（2）　拱的制作方法　栌斗的制作

Step 1

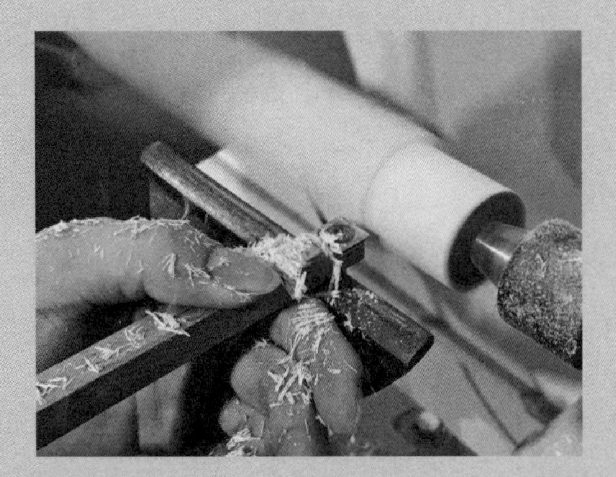

图 7-3-3 车刀削方成圆

■ 按照自下而上的顺序，首先要把柱基与柱子加工出来。这步要用到车床和车刀，把方木加工成圆柱。现在能买到现成尺寸的各种圆棒，但由于可买到的尺寸一般是一些特定的尺寸，对模型制作者来说有很大的局限性，最好是掌握车床加工的基本操作。

（a）车出柱基的形状

（b）打磨基座

（c）柱基圆弧的加工

图 7-3-4　车柱基

■ 1. 在底部车出柱基的形状，注意把柱基的材料预留出来，相当于留出一个“游泳圈”。

■ 2. 柱基圆弧加工使用的是同一把车刀。加工时旋转车刀，使之成为一个弧形的柱基。

图 7-3-5　保持尺寸一致性　▶

■ 1. 利用游标卡尺，保证柱子直径的一致性。

■ 2. 注意柱子直径和柱基直径都需要测量，以确保所有柱子尺寸一致、美观。完成四根柱子和柱基的加工。

（a）利用游标卡尺

（b）完成加工

Step 2

图 7-3-6　批量加工的斗

■ 斗拱中的斗是有一定加工难度的，主要体现在两个方面，第一是工件比较小，第二是工件量比较多。需要尽量多利用机械，能批量加工的工序尽量批量加工。

图 7-3-7　倒装铣机

■ 要实现斗的加工，第一步是开槽，利用的是倒装铣机以及直刀。

图 7-3-8　倒装铣机加工开槽

图 7-3-9　倒装铣机倒角

■ 利用直刀进行开槽，利用 45° 角刀则可进行斗的“倒角”。加工整根木条时，一刀到底就可实现批量加工。

图 7-3-10　批量锯斗

■ 再利用带锯进行批量锯切，就能得到一大批斗。

图 7-3-11　手工刨倒角

■ 锯切下来的这一大批斗的最后一个问题是有两条边没有进行 45° 倒角。我们利用刨子完成最后一步工作。这里使用的是日本刨，比较适合操作此类较精细的操作。

图 7-3-12　钻孔

■ 对斗的中心进行钻孔，用于装插销固定。这样一个个的斗就做完了。

Step 3

图 7-3-13　放样

■ 要实现拱的加工，我们需要利用图纸进行 1：1 的放样。

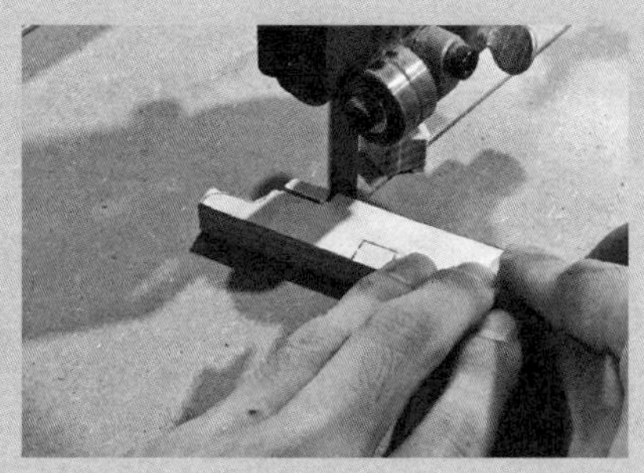

图 7-3-14　外轮廓加工

■ 1. 选定的材料上 1：1 贴图，按照图形的外轮廓进行加工。
■ 2. 锯切时严禁戴过松的手套，严禁在锯条停止运动之前去取锯切下来的小块。

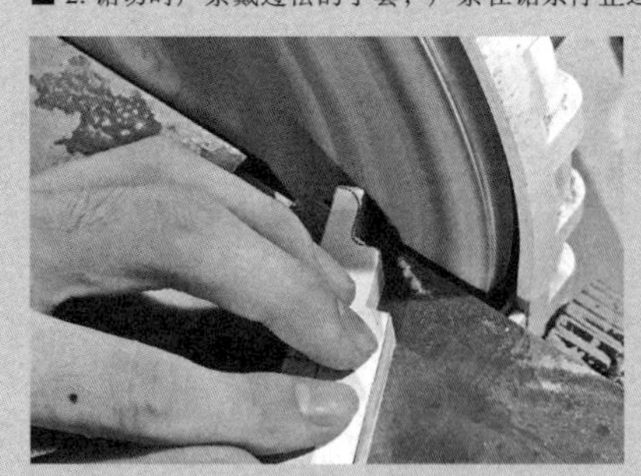
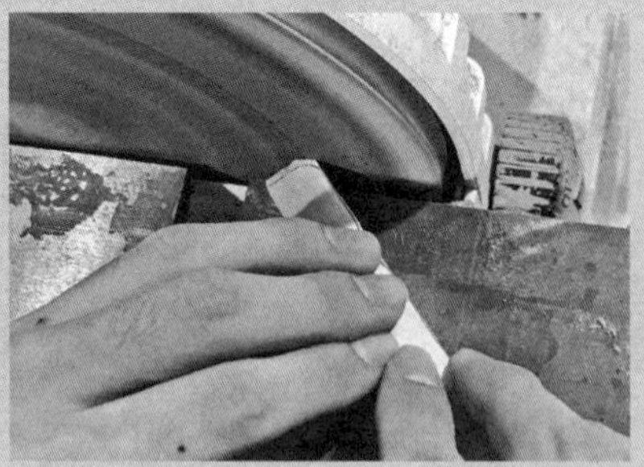

图 7-3-15　外轮廓修整

■ 1. 一般选用带锯进行外部轮廓的锯切。经过锯切的料往往是平整度不高的，这会影响美观，需要用砂盘机进行快速的外轮廓修整。
■ 2. 使用砂盘机时要注意砂盘的转动方向。以圆心为中心的话，一边砂盘的运动方向是向上的，一边砂盘的运动方向是向下的。如果木料接触向上的运动方向，木料会被带起来，存在安全隐患。一定要接触砂盘运动方向向下的半边。

图 7-3-16 细节精修

■ 精修打磨时使用传统木工工具锉刀，朝同一方向用力，同时注意锉刀的两面，一面为平口，另一面呈圆弧凸起，有其各自的功能。这里打磨平面需要用平口打磨。

Step 4

图 7-3-17 三材交叉实物

■ 1. 基础件做好以后可以进入最后一步拼装操作。

■ 2. 外部塑形在古建模型制作当中难度不高，难度高的是涉及二材或三材交叉的情况。

■ 3. 每根材料在交叉处有三分之一属于自己，另外三分之二让给其他两根材料（图 7-3-18）。

（a）三材分解

（b）组装过程示意

图 7-3-18 三材交叉实物拆解示意

（a）锯切（1）

（b）凿剔（1）

（c）锯切（2）

（d）凿剔（2）

图 7-3-19　三材交叉加工方式 ▶

■ 做交叉部位榫卯结构是“四部曲”，即画线、锯切、凿剔、修整。制作顺序一般也采用自下而上的顺序。

（e）凿剔（3）

◀ 图 7-3-20　三材交叉成品料（1）

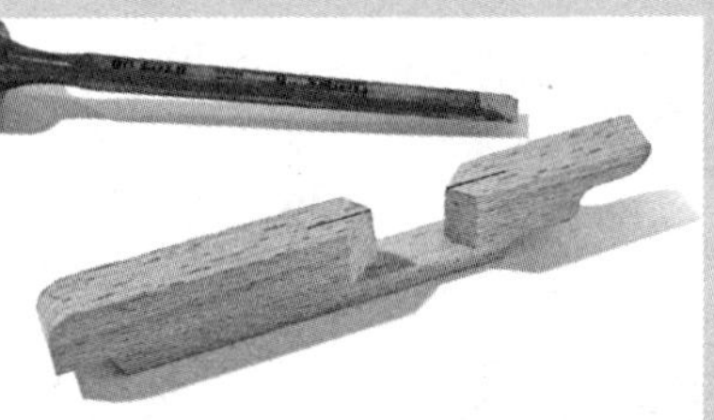

图 7-3-21　三材交叉成品料（2）

图 7-3-22　栌斗样品

■ 支撑三材交叉的是一个大斗，即栌斗。

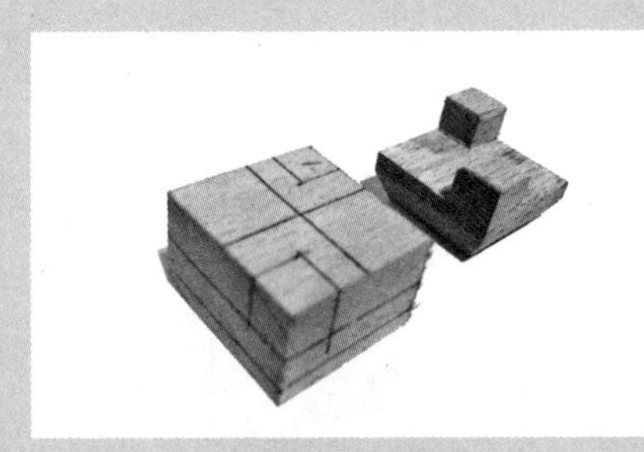

（a）画线

（b）锯切

（c）凿剔

（d）修整

图 7-3-23　栌斗加工方式

图 7-3-24　栌斗倒角

■ 1. 除了栌斗制作方法的“四部曲”外，再加一个修边。因为大斗的底部都有一个下大上小的倒角。

■ 2. 倒角用日本刨相对比较柔和。用刨子倒角时有个先后顺序要注意。横纹方向先刨，末端肯定会劈裂；然后再顺纹刨，由于顺纹刨末端不会劈裂，所以最终成品会是干净利落的。如果先后顺序错了，那最后的成品一定不是干净利落的。

（a）示例（1）

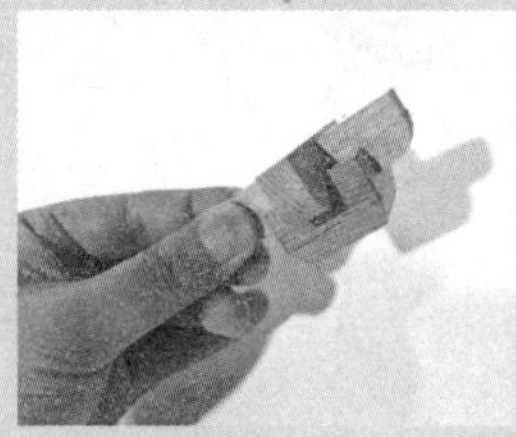

（b）示例（2）

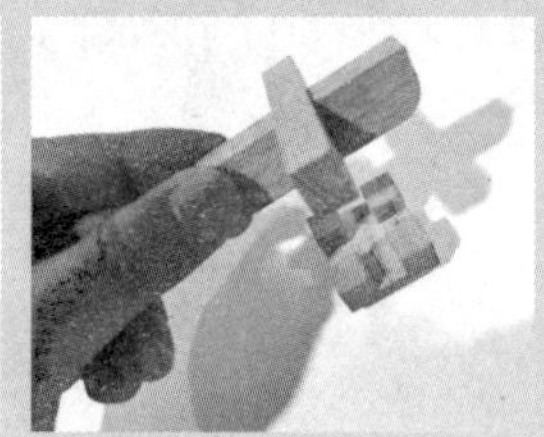

（c）示例（3）

图 7-3-25　两材交叉示例

（a）示意（1）

（b）示意（2）

图 7-3-26　各部件组装示意

第 8 章　高技类建筑模型表达

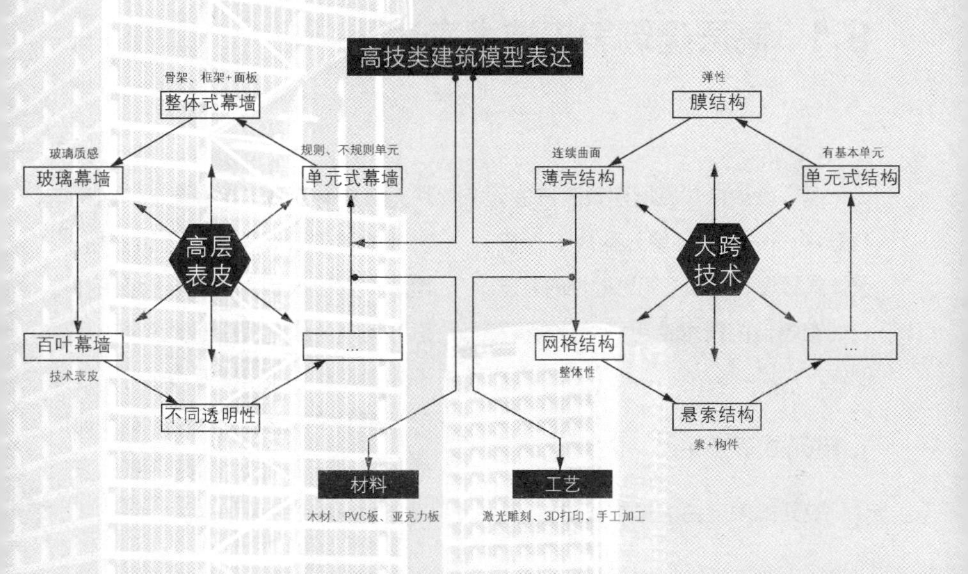

建筑学专业在历经一二年级对构成、环境和空间的训练，以及三年级对居住建筑、人文要素和新旧关系的导入后，开始进入更大尺度、更高要求的课题训练当中。

在四年级的高层建筑和大跨度建筑两个课题中，建筑形象和结构体系的设计具有显而易见的重要地位：高层建筑课题将探讨丰富的立面形式，涉及高层建筑复杂表皮的设计；而大跨度建筑将关注结构体系的选择和设计，涉及各类大跨结构的基本知识，以及两类建筑的模型制作方法和技巧。

本章先依据高层建筑和大跨度建筑的建造顺序，简述两类建筑模型的制作逻辑。接下来，按照表皮和结构的分类，分别介绍建筑表皮和大跨结构的模型制作方法和技巧。

高层建筑结构与表皮呈现“皮与骨”的关系。若想实现好的模型效果，两者缺一不可。考虑到高层建筑由承重结构（通常是混凝土核心筒）到楼板再到表皮结构的建造顺序，模型的制作也应当依照相应的逻辑，先从核心筒部分开始制作，接着连接楼板部件，最后连接表皮材料。

8.1 高层建筑表皮技术表达

模型表达中，高层建筑表皮主要有三种——以重复单元构成的表皮、整体式幕墙表皮和不同透明性的表皮。它们有各自的技术特点、材料选择和制作方式。

1. 单元式表皮

单元式表皮由大量重复的单元模块无缝安装而成。这些单元可能是可密铺的基本几何形，如等边三角形、矩形、六边形等；也可能是经拓扑变形等其他生成逻辑得到的两两不同的不规则形状，如密铺五边形等。但无论是何种单元类型，最终要呈现的都是其密集拼贴后得到的整面表皮（图 8-1-1 ~ 图 8-1-3）。

图 8-1-1　菱形单元式表皮

图 8-1-2　正方形单元式表皮

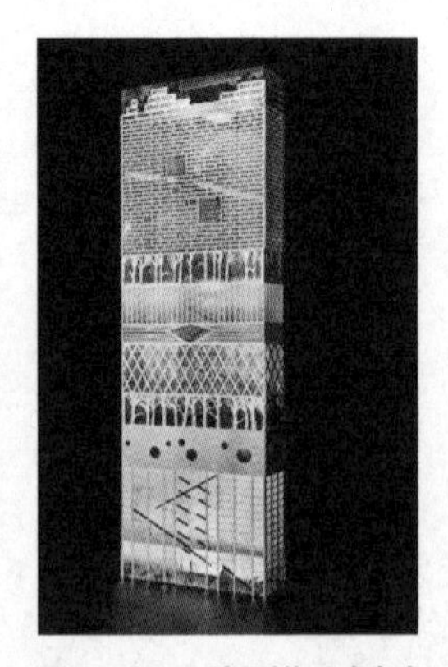

图 8-1-3　不规则单元式表皮

因此，在制作单元式表皮模型时，应以整片表皮为基础，通过刻画单元的方式来制作，以提高制作效率，提升整体表达效果。

在实际操作时，可利用软件（如 Rhino 的 Unrollsrf 命令）获得摊平的表皮，导出线稿。经格式处理后，由激光雕刻机刻画或切割出各处单元的洞口，最后将切割好的板材依照方案贴附到已做好的主体部分模型。由于面积较大的板材具有一定的柔性，由这种方式制作的表皮模型可以有较好的贴附效果，尽可能贴近方案的设想。

2. 整体式幕墙表皮

整体式幕墙表皮的代表是玻璃幕墙，由幕墙框架和玻璃面板组成，强调框架编织的形式。框架用于固定玻璃面板，同时划分立面，形成韵律感。采取不同的幕墙构造，框架形式的选择和最终的立面划分也会有所不同。因此，在制作幕墙式表皮模型时，应该注意表达框架的形式。这样能更宏观地说明方案所选择的幕墙构造的特点。

在制作框架部分的模型时，有两种思路。一种是从组成框架的基本杆件开始，选择柔性的塑料条或软木条，粘接成框架（图 8-1-4）。另一种则类似单元式表皮的制作思路，借助软件获得表皮摊平后的线稿，将框架间玻璃面板的位置视作洞口，由激光雕刻机或 3D 打印机制作出整面表皮（图 8-1-5）。

图 8-1-4 杆件粘接出整面表皮

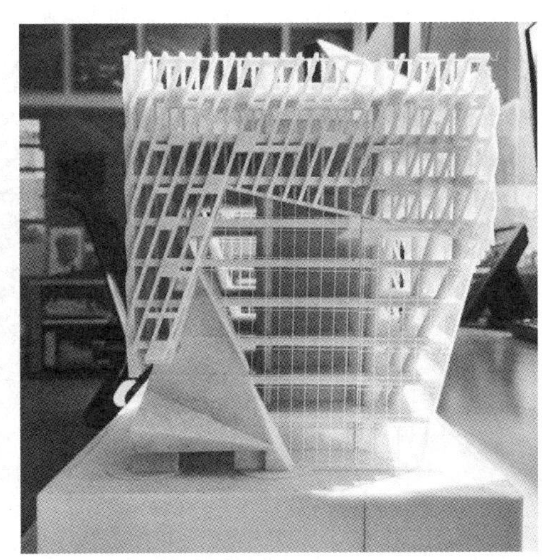

图 8-1-5 3D 打印出整体杆件

至于玻璃面板部分，选材时较灵活，可依据方案特点选择不同透明度的 PVC 板、各种密度的金属网等，甚至可视情况将其省略，只强调框架。建议将框架模型贴附在玻璃面板模型的外侧。

3. 不同透明性的表皮

有的高层建筑会采用不同透明性的表皮来协助概念的表达。这类表皮会赋予界面通透、朦胧、模糊等不同质感，这是由材质本身的选择导致的。因此，在制作不同透明性的表皮模型时，应突出界面透明性的表达，选择性弱化或忽略其他的构件。这与整体式幕墙表皮恰好相反。

与表皮材质相同，很多模型材料也具有不同程度的透明性，适用于表皮模型的制作。为了使表皮模型具有一定的强度，可以选用厚度较大的材料。选好材料后，切割成所需的尺寸，再贴附到主干部分模型上即可。

在制作较为通透的表皮时，可使用透明亚克力板。亚克力板自身比较坚固，又具有一定厚度，便于粘接。同时，可由激光雕刻机刻线，刻画玻璃面板上的框架（图 8-1-6）。在制作界面模糊的表皮时，可选用有一定厚度的磨砂 PVC 板。这种材料经较浅的刻线后可弯折，用于制作带有转折的表皮模型（图 8-1-7、图 8-1-8）。

图 8-1-6　刻线表达框架

图 8-1-7　磨砂 PVC 板

图 8-1-8　模糊与通透的表皮效果对比

8.2 建筑构造技术表达

大跨度建筑模型对于构造方面的表达在本科阶段的学习中要求很高。依据大跨结构的类型和特点，可将模型表达分为以下几类：单元式结构、网格结构、薄壳结构、悬索结构、膜结构。

1. 单元式结构

单元式结构是在模型制作时可以区分出片状结构单元的结构形式，适用于拱结构、钢架结构、桁架结构、折板结构的模型制作（图 8-2-1 ~ 图 8-2-3）。以钢架结构为例，其基本的单元形式是由梁、柱构成的门形结构。将多榀门形结构排列后，即得到结构主体。因此，对于单元式结构的模型，可以先制作基本的结构单元，再依照方案的结构体系排列、拼接起来。

在制作时，应先绘制出每榀结构单元的图纸，再由激光雕刻机处理或手动切割。切割完成后，按照方案粘接在相应位置，并逐步粘接楼板、表皮等其他模型部件。也可酌情调整顺序，如先完成观众席部分的制作，再粘接结构。

图 8-2-1 拱结构

图 8-2-2 钢架结构

图 8-2-3 桁架结构

2. 网格结构

网格结构由杆件构成具有厚度的空间或平面网架，是一种由小尺寸杆件构成的空间整体。在模型表达时，要注重网格结构的整体呈现，而不仅是结构单元本身。同时，为了减少制作的工作量，并且避免过大的误差，更不建议粘接杆件得到网格结构模型。

网格结构模型可采用整体思维来制作，以直接获得整个结构为目的。为了一次成型,可交由3D打印机处理，在取得整体模型的同时，杆件也得到了表达（图8-2-4）。由于网格结构本身就具有表现力，可以视情况忽略表皮模型的制作，以突出结构模型的表达效果（图8-2-5）。

3. 薄壳结构

薄壳结构是利用混凝土的可塑性，以各种曲面构成的薄板结构，它最大的特点是流畅而完整的曲面界面。因此，薄壳结构与网架结构相似，不具有明显的结构单元，难以分解成片状构件。在薄壳结构模型的制作中，对曲面完整性和曲面走向的表达是重点。

在制作薄壳结构模型时，为保证界面的光滑和连续，建议使用3D打印机,可一次性打印出整体（图8-2-6）。亦可将均匀对称的薄壳结构切割成几个部分，打印后拼合（图8-2-7）。

图8-2-4　3D打印出整个空间结构

图8-2-5　杆件在模型中的表达效果

图8-2-6　3D打印的整体薄壳结构

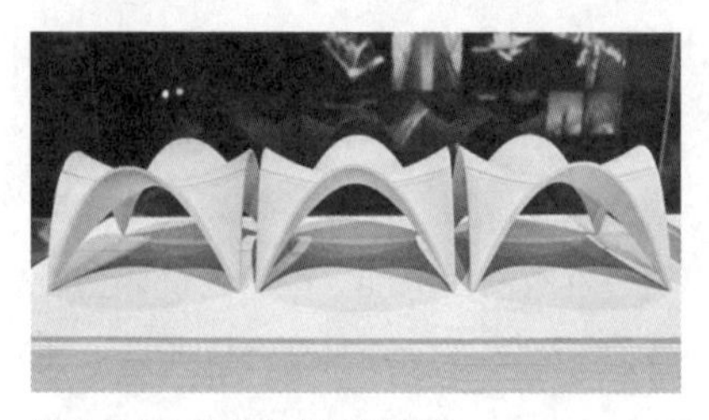

图8-2-7　分解单元的薄壳结构

4. 悬索结构

悬索结构含有索网和边缘构件。边缘构件有梁、桁架、拱等形式，类似于单元式结构。索网常由钢索组成曲面，基本构件是一根根钢索。在悬索结构模型表达中，由于索网和边缘构件呈现出不同的结构形式，且具有柔性和刚性之分，可分开制作，再组合到一起。钢索是悬索结构最有代表性的结构构件，也是让悬索结构曲面区分于薄壳结构曲面的重要元素，应在模型中如实地表达。

从结构逻辑上看，边缘构件的模型制作要先于索网模型完成，为索网模型提供参考点和连接点。边缘构件的制作可以参照单元式结构模型的制作方法，由激光切割获得结构单元。索网的制作是重点。基于其结构特点，建议选用具有柔性的模型材料，例如塑料线材或丝线等模拟钢索，并固定在边缘构件模型上（图 8-2-8）。

（a）用丝线制作索网

（b）完整表达索网和边缘构件

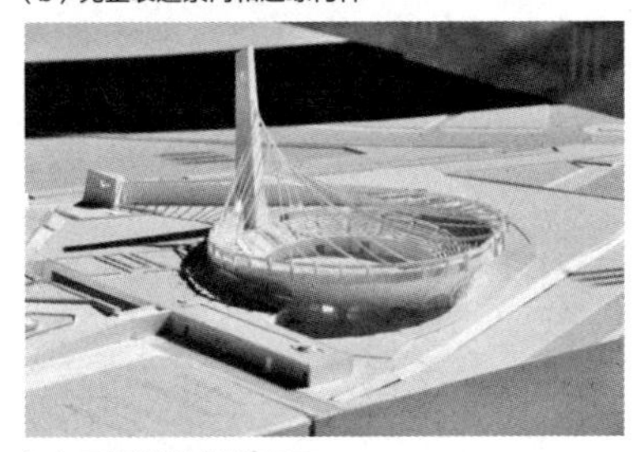

（c）用塑料线材制作索网

图 8-2-8　以塑料和丝线模拟钢索

5. 膜结构

膜结构包括张拉膜结构、骨架支撑膜结构和充气膜结构三个大类。张拉膜结构和骨架支撑膜结构的组成比较接近，包括刚性的支撑构件和柔性的膜材料两个部分。张拉膜结构表现出了膜材料自身的弹性，发挥了其结构作用。骨架支撑膜结构仅将膜材料作为围护结构使用。在膜结构模型的制作中应注意这两种膜各自的特点。充气膜结构没有刚性的支撑构件，依靠充气的气囊受拉获得结构承载力。

在制作膜结构模型时，对于张拉膜结构和骨架支撑膜结构，可以先用金属材料或木材的杆件制作刚性的支撑构件模型，待其在底板上固定牢靠之后，再罩上膜材料部分，避免材料的弹性破坏支撑构件模型。对于张拉膜结构的膜材料模型，可以选用有弹性的布料来表达（图 8-2-9）。对于骨架支撑膜结构，由于其膜材料不表达弹性，可选用没有弹性的模型材料，如金属网等（图 8-2-10）。

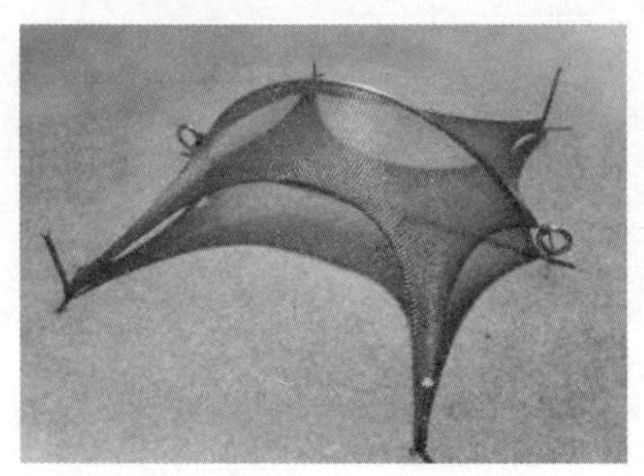

（a）金属材料支撑构件

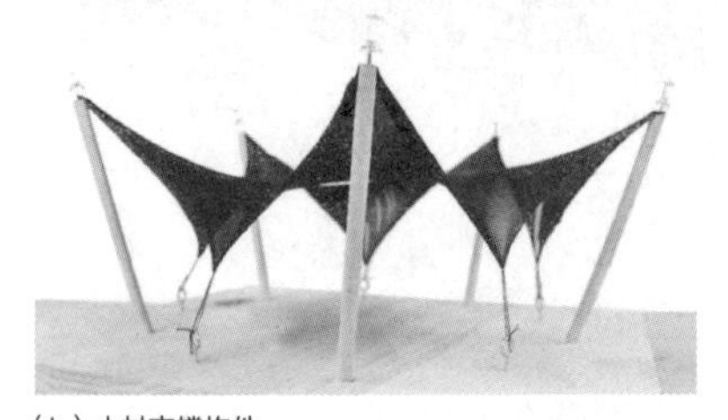

（b）木材支撑构件

图 8-2-9　张拉膜结构模型

图 8-2-10　骨架支撑膜结构模型

8.3 典型单元式表皮模型制作

1. 课题概述

（1）**设计名称：**“Vitality”——城市商务办公建筑设计

（2）**作者：**康善之、水浩东

（3）**指导老师：**杨震

（4）**方案简介：**本课题是位于城市中心区的高层商务办公楼设计，要求方案体现建筑与环境、地域风貌、气候和生态方面的技术手段等内容。本方案采用以六边形为基本单元的活动百叶组成弯曲表皮，以回应周边现状环境系和场地气候条件。

2. 制作要点

（1）**模型构思：**模型的表达重点在于六边形单元式表皮。要合理简化，突出六边形的基本单元。

（2）**比例：**1：200 或 1：300。

（3）**材料：**3mm 椴木板。

（4）**工具：**激光雕刻机。

3. 制作步骤

Step 1 **准备图纸：**采用激光切割木板制作模型，分为场地、主体和表皮及其结构三部分，准备用于切割的图纸（图 8-3-1）。

Step 2 **制作场地：**具体方法可见第 3 章（图 8-3-2）。

Step 3 **制作主体：**先粘接核心筒，作为楼板的依托和模型的主支撑。再依照刻线位置准确粘接各层楼板（图 8-3-3）。

Step 4 **制作表皮：**由激光切割得到整张表皮及其支撑结构。先卡接并粘接表皮支撑结构，再将表皮贴附在支撑结构的相应位置（图 8-3-4）。

Step 5 **环境表达：**具体方法可见第 3 章（图 8-3-5）。

制作步骤

Step 1

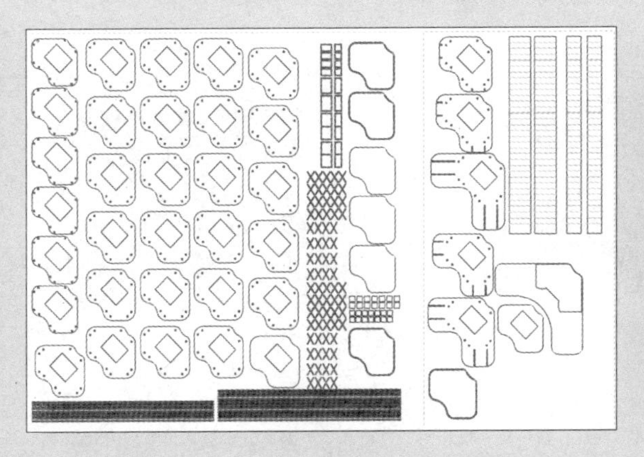

图 8-3-1 准备图纸

■ 1. 场地能表达地形高差即可，车道、地库出入口等信息可简化为刻线。

■ 2. 主体仅保留楼板、核心筒和重要构件（如该方案避难层的桁架）。

■ 3. 核心筒可简化为长方体，表面刻线标记各层楼板位置。

■ 4. 楼板预留出与表皮支撑结构的交接缝，便于制作时卡位。

■ 5. 表皮六边形洞口为切线。

Step 2

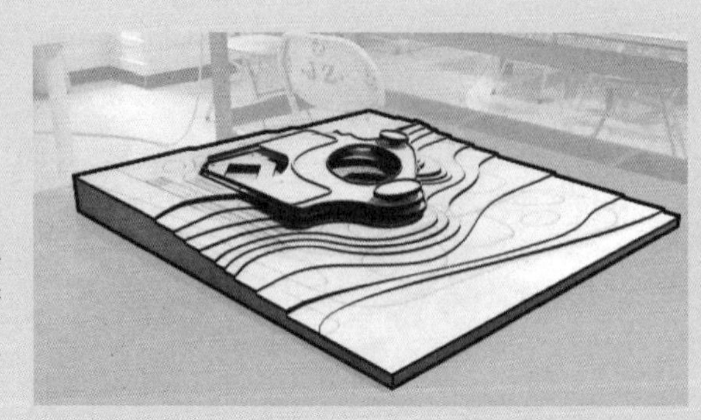

图 8-3-2　制作场地

■ 1. 该方案的地形和裙房部分结合较紧密，需要先行制作，为塔楼的定位提供参考。

■ 2. 激光切割木板制作地形的有关方法可见第 3 章。

Step 3

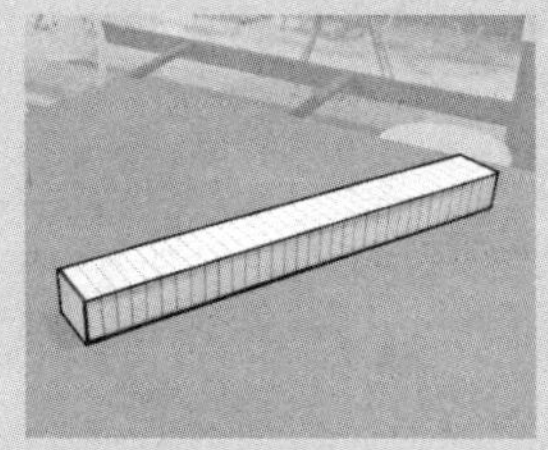

（a）粘接核心筒

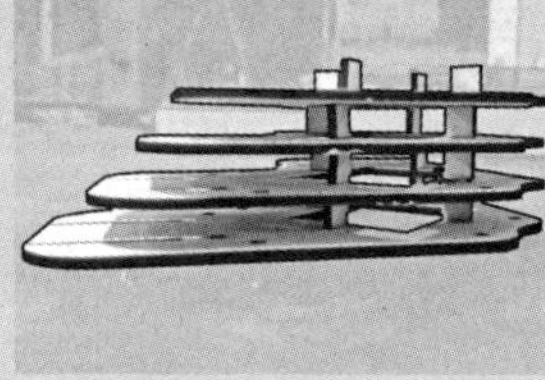

（b）木块支撑楼板

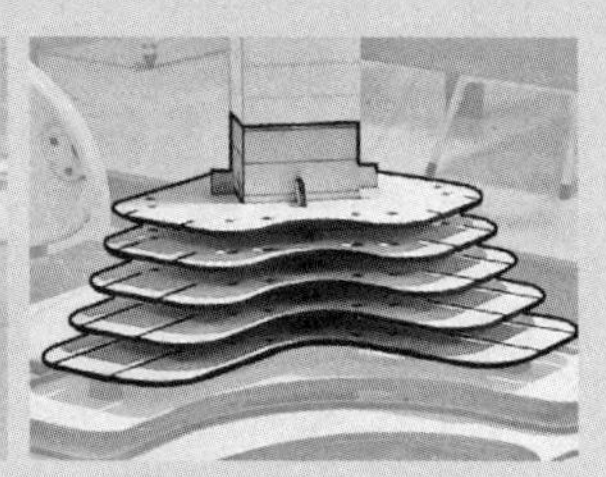

（c）楼板套入核心筒

图 8-3-3　制作主体

■ 1. 先粘接核心筒。为保证尺寸精确，打板时应预留材料厚度的位置。

■ 2. 核心筒粘接完成后，可从下往上开始粘接楼板。每层可粘接与层高等宽的木片，便于在粘接前支撑上下两层。

■ 3. 粘接时参考预留在核心筒上的刻线，尽量保证各层楼板水平。

■ 4. 若条件允许，每层可用两块板制作，以增加厚度，增大粘接面积。

■ 5. 按预先留好的接缝，将幕墙支撑结构卡入。调整到正确位置后，再粘接牢固。

Step 4

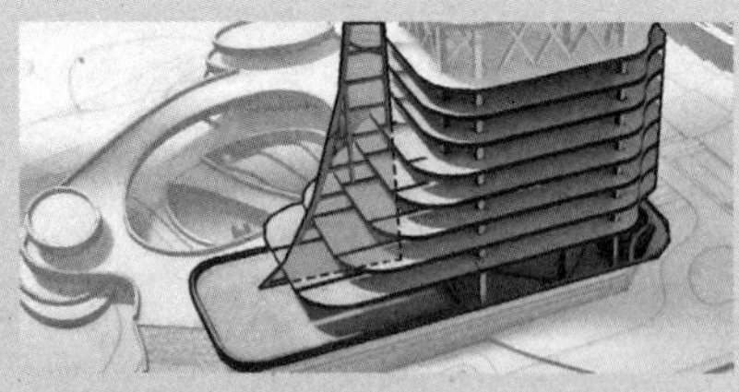

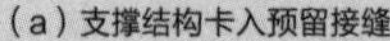

（a）支撑结构卡入预留接缝

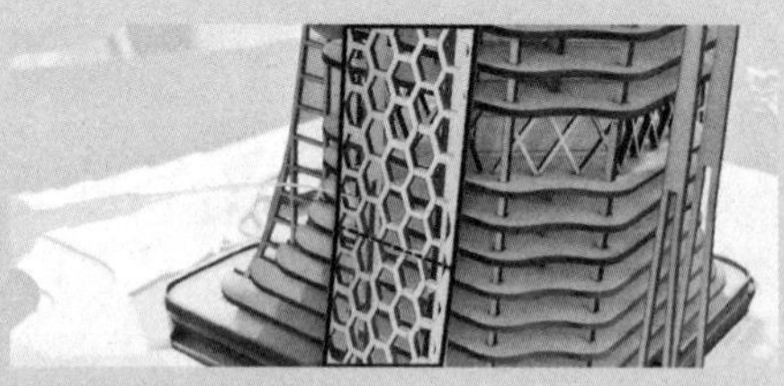

（b）表皮在弯折较大处分段

图 8-3-4　制作表皮

■ 1. 粘接表皮时，将表皮上下两端与支撑结构对位，以保证位置准确。

■ 2. 若整张表皮难以操作，也可将表皮在弯折较大处切断，分成几个平整部分贴附到支撑结构上。

Step 5

图 8-3-5 环境表达

■ 该方案将植物抽象为球体，用轻质黏土制作，整体与木材协调。

4. 效果展示（图 8-3-6）

图 8-3-6 模型制作效果

8.4 典型钢架结构大跨模型制作

1. 课题概述

（1）**设计名称：**大跨度建筑设计

（2）**作者：**李仲元、陈鹏宇、陈昱锦、王韵沁

（3）**指导老师：**王雪松

（4）**方案简介：**本课题为 5000 座位中型体育馆设计，要求方案结构与建筑结合，展示技术美。本方案采取钢架结构，向观众席伸出悬臂，承托网格结构屋面。钢架外端用钢索与下方立柱拉结，与悬挑端平衡。屋面呈现三维曲面形式，中央为悬索屋盖。

2. 制作要点

（1）**模型构思：**注意建筑与场地的协调，强调结构形态的塑造与空间形态的整合。

（2）**比例：**1：200 ~ 1：500。

（3）**材料：**3mm 椴木板、树脂材料（3D 打印）。

（4）**工具：**激光雕刻机、3D 打印机。

3. 制作步骤

Step 1 **准备阶段：**将模型分为场地、看台、支撑结构和围护结构。场地和看台造型简单，采用激光切割木板制作。围护结构和支撑结构为曲面形式，采用 3D 打印制作（图 8-4-1）。

Step 2 **制作场地：**用刻线表达停车位、道路等信息，并为场馆定位。地形的微起伏可由切割后的板材弯曲得到（图 8-4-2）。

Step 3 **制作场馆内部：**分为运动场地和观众席两部分，分别由刻线和板材堆叠制作完成（图 8-4-3）。

Step 4 **制作围护结构：**鉴于该方案围护结构和支撑结构的关系，先制作围护结构。根据场地模型的刻线放置在准确位置（图 8-4-4）。

Step 5 **制作支撑结构：**支撑结构分为屋面钢架和曲面屋盖、围护结构、下方支撑立柱三个部分，需要分开打印，可不粘接。悬索和钢索由铁丝或线制作，可与其他部分绑扎（图 8-4-5）。

Step 6 **环境表达：**具体方法可见第 3 章（图 8-4-6）。

Step 1

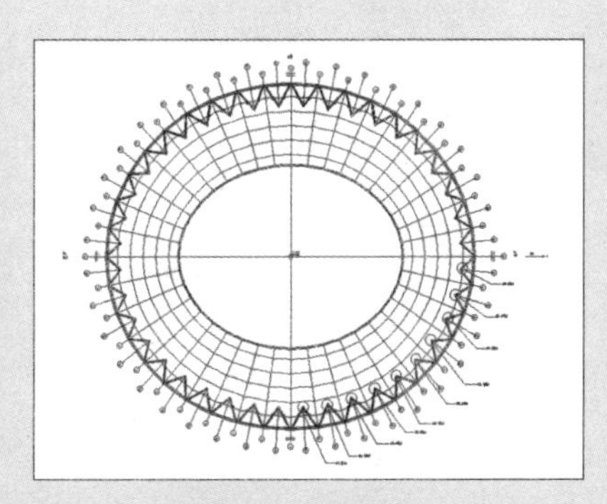

图 8-4-1 准备阶段

■ 1. 看台分解各层座椅，台阶简化为刻线。运动场地由刻线表达，周边加刻几层座椅的投影位置，便于准确定位。

■ 2. 支撑结构将钢架和屋面龙骨结合，整体进行 3D 打印。屋面板预留孔洞，明确与内外两套承重结构的穿插关系。

Step 2

图 8-4-2 制作场地

■ 1. 粘接平坦部分的场地。

■ 2. 起伏部分用完整的板材弯曲制作，表达出地形起伏变化即可。

■ 3. 场地用刻线表达道路和停车位等信息。

■ 4. 用刻线在底板上画出场馆位置，便于后期定位。

■ 5. 场馆周边廊道等先不粘接，便于放置场馆后调整位置。

Step 3

图 8-4-3 制作场馆内部

■ 1. 场馆内部的两个部分——球场和看台分别粘接好，再整体粘接在一起。

■ 2. 先将下方看台粘好，并根据运动场地周边刻线安装在正确位置。

■ 3. 看台部分的底板除了运动场地的刻线外，还需在钢架结构落柱的位置开槽，便于后期对位。

Step 4

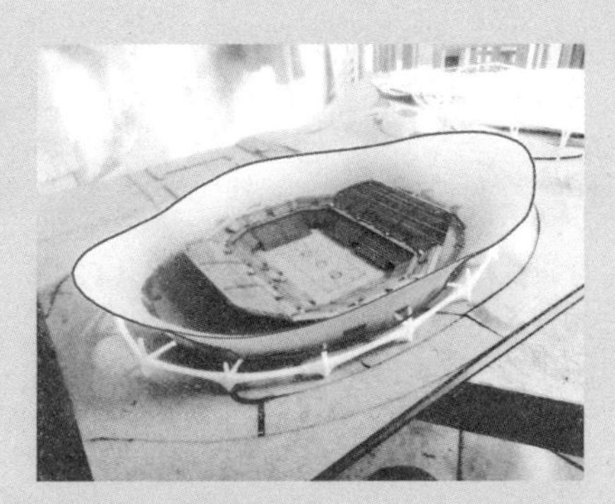

图 8-4-4 制作围护结构

■ 1. 围护结构要整体打印，并保留结构穿插处的洞口。

■ 2. 考虑到上宽下窄的造型，先将围护结构放在场地模型对应位置，再放看台。

Step 5

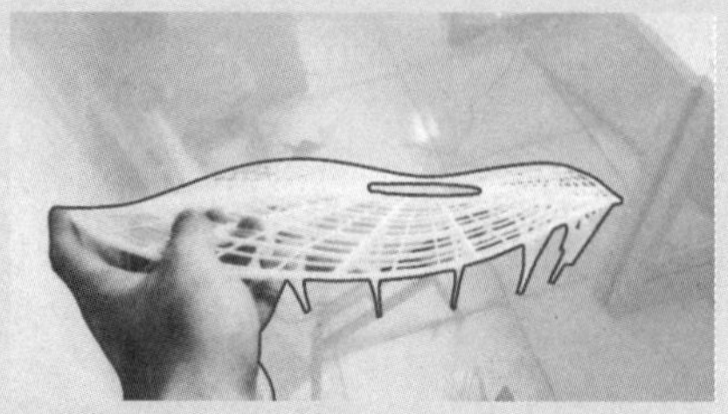
（a）屋盖与钢架整体打印

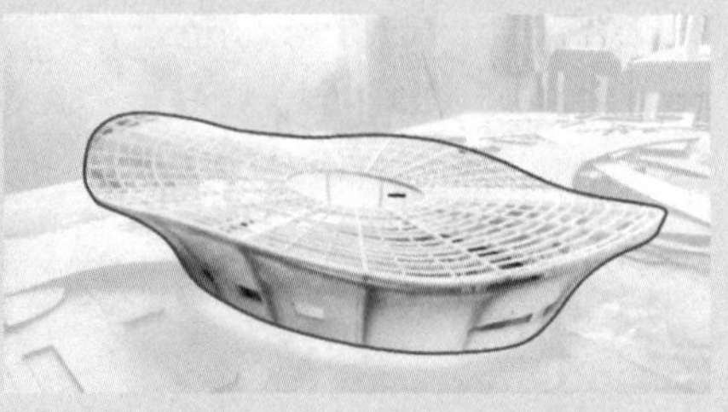
（b）组装围护结构

（c）钢丝制作钢索

图 8-4-5　制作支撑结构

■ 1. 由于屋面是起伏的三维曲面，将屋面和钢架结构作为一个整体进行打印，在围护结构组装完成后，放置在正确位置。

■ 2. 支撑结构的下方立柱与环廊部分一起打印。

■ 3. 支撑结构的两部分都组装好后，根据方案将钢索缠绕其上。可选择铁丝或线来制作钢索。

Step 6

图 8-4-6　环境表达

■ 1. 在场馆制作完成并放置到位后，将环绕场馆的其他场地部件粘接到位。

■ 2. 该方案用海绵片层叠粘接的方式制作植物，也可参考第 3 章其他方式。

4. 效果展示（图 8-4-7）

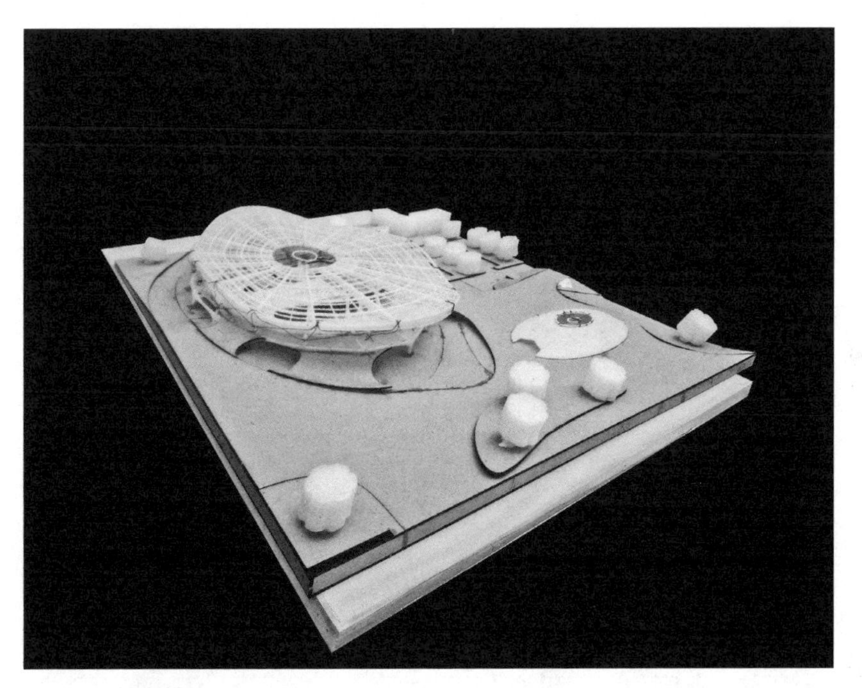

图 8-4-7 模型制作效果

附录

附录一

常见模型材料的视觉特征

模型材料 \ 调性	冷暖调	色相调	纯度调	对比度
浅色椴木板	暖多凉少	橙、黄、青	低纯度	弱对比
雪弗板	冷暖调	蓝、青、黄	高纯度	强对比
透明塑料板	冷	白	低纯度	弱对比
	暖			
白色亚克力板	冷	蓝、青	高纯度	弱对比
红色亚克力板	暖	大红	高纯度	强对比
白色石膏	冷	白	中高纯度	强对比
竹条	凉多暖少	绿、黄、蓝、青	中高纯度	弱对比
深色木材	暖多冷少	红、橙、黄、黑	高纯度	强对比
布料	冷	青、蓝、紫、灰、黑	高纯度	中对比
	暖	红、橙、黄、绿		
浇筑混凝土	冷	蓝、紫、灰、黑	高纯度	强对比

附录二

精神情绪与材料视觉特征的关系

情绪＼调性	冷暖调	色相调	明度调	纯度调	对比度
凉爽舒适	冷	绿、蓝、青等	中长、中中	高纯度	中对比
热烈	热多凉少	红、橙、紫、绿、黄	长中、高长	高纯度	强对比
欢乐	暖多凉少	红、橙、紫、绿、黄、蓝	高中、中长	高纯度	强对比
悲哀	冷多热少	蓝、紫、灰、黑、黄	中短、底中、底短	底中纯度	弱对比
梦幻	冷	蓝、紫、黑、灰、绿	中短、底中	底纯度	弱对比
	暖	驼色、灰色			
肃穆	冷多热少	蓝、紫、黑、灰、绿	底长、最长	高中纯度	中对比
	热多冷少	大红、紫、深红、黄			
青春	暖多凉少	蓝、红、绿、紫、橙	高中、高长	高纯度	弱对比
富丽堂皇	热多冷少	红、橙、黄、绿、蓝、紫、金、银	中长	高纯度	强对比
神秘	冷	蓝、紫	中中、高中	中纯度	中对比
	暖	黄			

附录三

常见模型材料的情感特质

模型材料 \ 情绪	欢乐	青春	凉爽舒适	悲哀	热烈	肃穆	梦幻	富丽堂皇	神秘
浅色椴木板	○	○	●						
雪弗板			●						
透明塑料板			○					○	○
白色亚克力板	○	●	○						○
红色亚克力板					●	●	○		●
白色石膏				○					
竹条			●						
深色木材								●	
布料	●		○						
浇筑混凝土				○		●			○

注：○代表少量，●代表强烈。

附录四

小品配景类别及案例

类别	具体内容	案例		
植被	阔叶树、针叶树、棕榈、无叶树、花卉、草丛等			
人和动物	3D 人物、2D 人物、宠物与牲畜等			
室内	座椅、桌子、电子产品、厨具、卫浴、装饰、储藏等			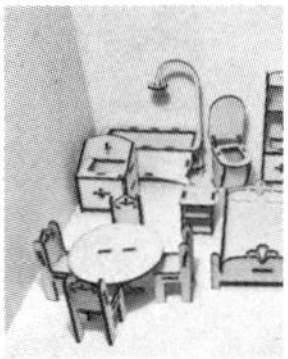
室外	路灯、交通标志、施工类等		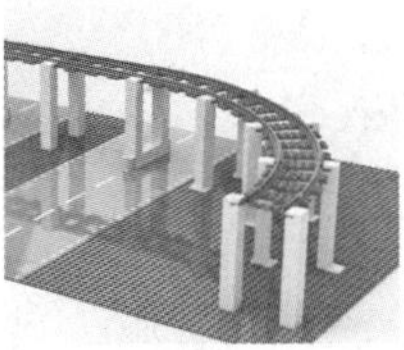	
交通工具	小汽车、公共汽车、船只、火车等			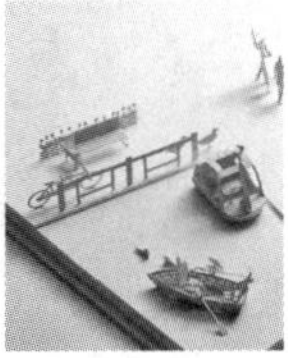

附录五

二维曲面建筑模型材料

材料		曲面生成方式	色彩	质感	加工方法
木材	木棒	竖向结构线阵列形成曲面	浅黄色（偏黄）	细腻、温暖，具有木纹理	1. 在底板上画出曲面投影线，确定结构线的数量； 2. 量出曲面高度，根据高度裁切方木棒； 3. 沿投影线固定木棒，形成曲面
	软木板	直接弯曲形成曲面	浅黄色（偏白）	细腻、温暖，具有木纹理	1. 根据方案确定曲面上固定点的位置，从而确定曲面弯曲弧度； 2. 根据弧度直接弯曲软木板，形成曲面
纸类	白卡纸	直接弯曲形成曲面	白色	细腻、素雅、纯净	1. 根据方案确定曲面弯曲弧度； 2. 根据弧度直接弯曲纸张，形成曲面
	单面瓦楞纸板	直接弯曲形成曲面	白色/浅咖色	较粗糙，具有纸面磨砂感	1. 根据方案确定曲面弯曲弧度； 2. 根据弧度直接弯曲单面瓦楞纸板，形成曲面
	纸板	连续折面组合形成曲面	浅咖色	较粗糙，具有纸面磨砂感	1. 在底板上画出曲面投影线； 2. 在电子模型中得到曲面展开平面，按照电子模型裁出展开平面； 3. 在曲面弯曲离心面切出划痕； 4. 向开槽一面的反方向，沿投影线弯曲板材，形成曲面

续表

材料		曲面生成方式	色彩	质感	加工方法
金属	金属网	直接弯曲形成曲面	灰色	具有金属粗糙感	1. 根据方案确定曲面弯曲弧度； 2. 根据弧度直接弯曲金属网，形成曲面
	薄金属板	直接弯曲形成曲面	灰色 / 锈蚀棕红色	具有金属粗糙感	1. 根据方案确定曲面弯曲弧度； 2. 根据弧度直接弯曲薄金属板，形成曲面
发泡塑料和硬塑料材料	雪弗板 /KT 板	连续折面组合形成曲面	白色	细腻、素雅、纯净	1. 在底板上画出曲面投影线； 2. 在电子模型中得到曲面展开平面，按照电子模型裁出展开平面； 3. 垂直于曲面弯曲离心面的方向切出划痕； 4. 向开槽一面的反方向，沿投影线弯曲板材，形成曲面
	雪弗板 /KT 板	热风枪（或电吹风、沸水）加热弯曲形成曲面	白色	细腻、素雅、纯净	1. 将板材加热至软化状态； 2. 直接弯曲形成曲面或利用模具挤出曲面； 3. 冷却成型
	亚克力板	热风枪（或电吹风、沸水）加热弯曲形成曲面	透明	细腻、纯净	1. 将亚克力板加热至软化状态； 2. 直接弯曲形成曲面； 3. 冷却成型

附录六

三维曲面建筑模型材料

材料		曲面生成方式	色彩	质感	加工方法
木材	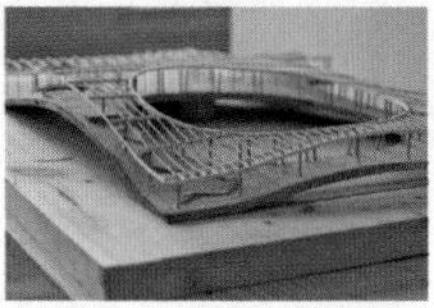 木条	曲线形态结构线组合形成曲面	浅黄色（偏黄）	细腻、温暖，具有木纹理	1. 用木板切割出每一条曲线结构线； 2. 固定结构线，形成曲面
	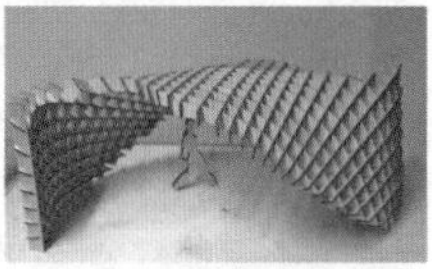 硬木板	网格状结构组合形成曲面	浅黄色（偏黄）	细腻、温暖，具有木纹理	1. 电子模型制作格构； 2. 激光雕刻木板，交接位置预先开槽； 3. 拼装成曲面
	 硬木板	多层平面叠加形成曲面	浅黄色（偏黄）	细腻、温暖，具有木纹理	1. 沿水平方向或竖直方向将曲面等距切分为多层平面； 2. 切割出每层平面的形状； 3. 逐层堆叠，形成曲面
竹材	 竹条	结构线组合形成曲面	浅黄色（偏黄）	细腻、温暖	1. 弯曲竹条制作曲线结构线； 2. 用短竹条制作檩条结构线，粘在曲线竹条上，形成曲面
纸类	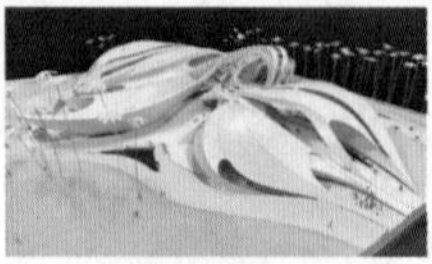 白纸	直接弯曲、拼接形成曲面	白色 / 米黄色	细腻、素雅、纯净	1. 根据方案确定曲面弯曲弧度； 2. 根据弧度直接弯曲纸张； 3. 各部分曲面拼接粘合，形成完整曲面

续表

材料		曲面生成方式	色彩	质感	加工方法
纸类	瓦楞纸板	多层平面叠加形成曲面	浅咖色	较粗糙，具有纸面磨砂感	1. 沿水平方向或竖直方向将曲面等距切分为多层平面； 2. 切割出每层平面的形状； 3. 逐层堆叠，形成曲面
	纸筒	利用纸筒本身形态制作曲面	浅咖色	较粗糙，具有纸面磨砂感	1. 利用纸筒本身形态制作建筑主体部分的曲面； 2. 根据内部空间挖切纸筒，得到内部空间曲面形态
金属	细金属丝	曲线形态结构线组合成曲面	银灰色	较光滑	1. 在底板上标出每一条结构线的端点位置； 2. 弯曲细金属丝以此制作每条结构线，形成曲面
织物	棉（丝）线	编织形成曲面	一般为黑色 / 棕色	粗糙	1. 在底板上标出结构线的定点位置； 2. 将线编织成平面的网； 3. 向每一个定点拉伸网，拉伸成型后固定，形成曲面
	棉（纱）布	直接悬挂形成曲面	一般为白色 / 米黄色	粗糙，具有纺织纹理	1. 在棉（纱）布的每个悬挂点上固定好线或细铁丝； 2. 悬挂线或细铁丝，形成曲面
	尼龙纤维（丝袜）	弹性拉伸形成曲面	一般为白色 / 米黄色 / 肤色	较细腻，具有纺织纹理	1. 制作支撑构件； 2. 将尼龙纤维（丝袜）拉伸固定至支撑构件上，形成曲面

续表

材料		曲面生成方式	色彩	质感	加工方法
发泡塑料和硬塑料材料	雪弗板/KT板	热风枪（或电吹风）加热弯曲形成曲面	白色	细腻、素雅、纯净	1. 将板材加热至软化状态； 2. 根据方案形态直接弯曲形成曲面； 3. 冷却成型
	雪弗板/KT板	多层平面叠加形成曲面	白色	细腻、素雅、纯净	1. 沿水平方向或竖直方向将曲面等距切分为多层平面； 2. 切割出每层平面的形状； 3. 逐层堆叠，形成曲面
	透明PVC板	热风枪（或电吹风）加热弯曲形成曲面	透明	细腻、纯净	1. 将透明PVC板加热至软化状态； 2. 根据方案形态直接弯曲或使用模具挤出曲面； 3. 冷却成型
	ABS塑料	3D打印制作曲面	白色	细腻、素雅、纯净	1. 将电子模型导出stl或obj格式文件进行检测与校对； 2. 打印模型； 3. 后期加工
流体材料	石膏	浇筑形成曲面	白色	较细腻或粗糙	1. 制作模具； 2. 调制石膏； 3. 浇筑石膏，待石膏阴干后脱模，制成曲面； 4. 后期加工修饰

附录七

佛光寺大殿模型构件大样

（单位：mm）

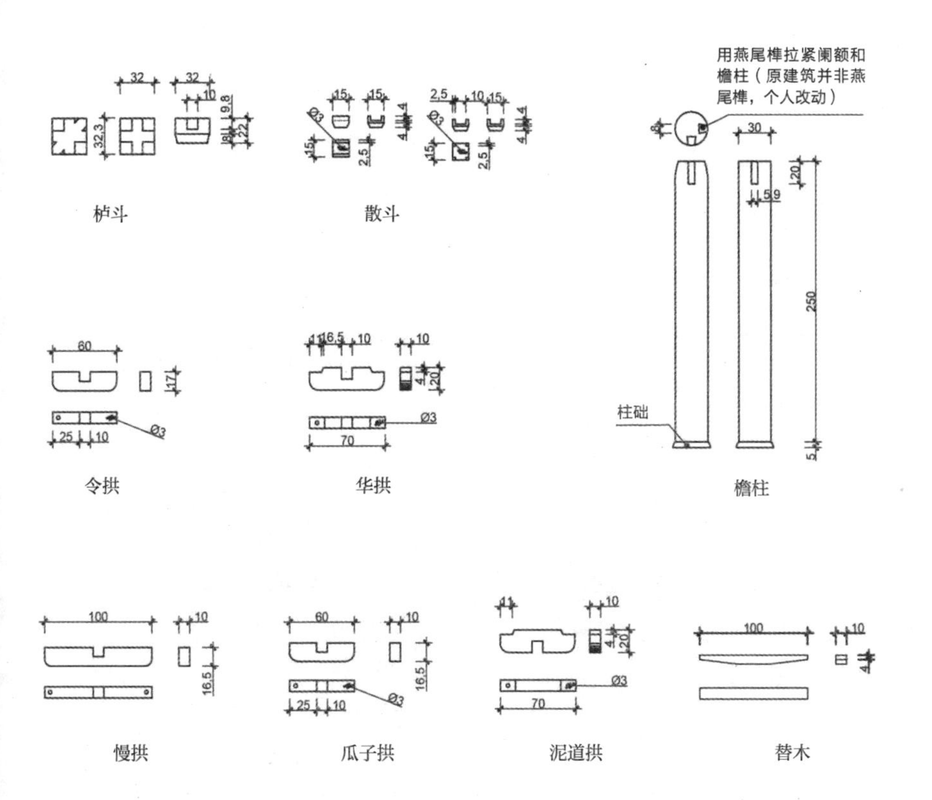

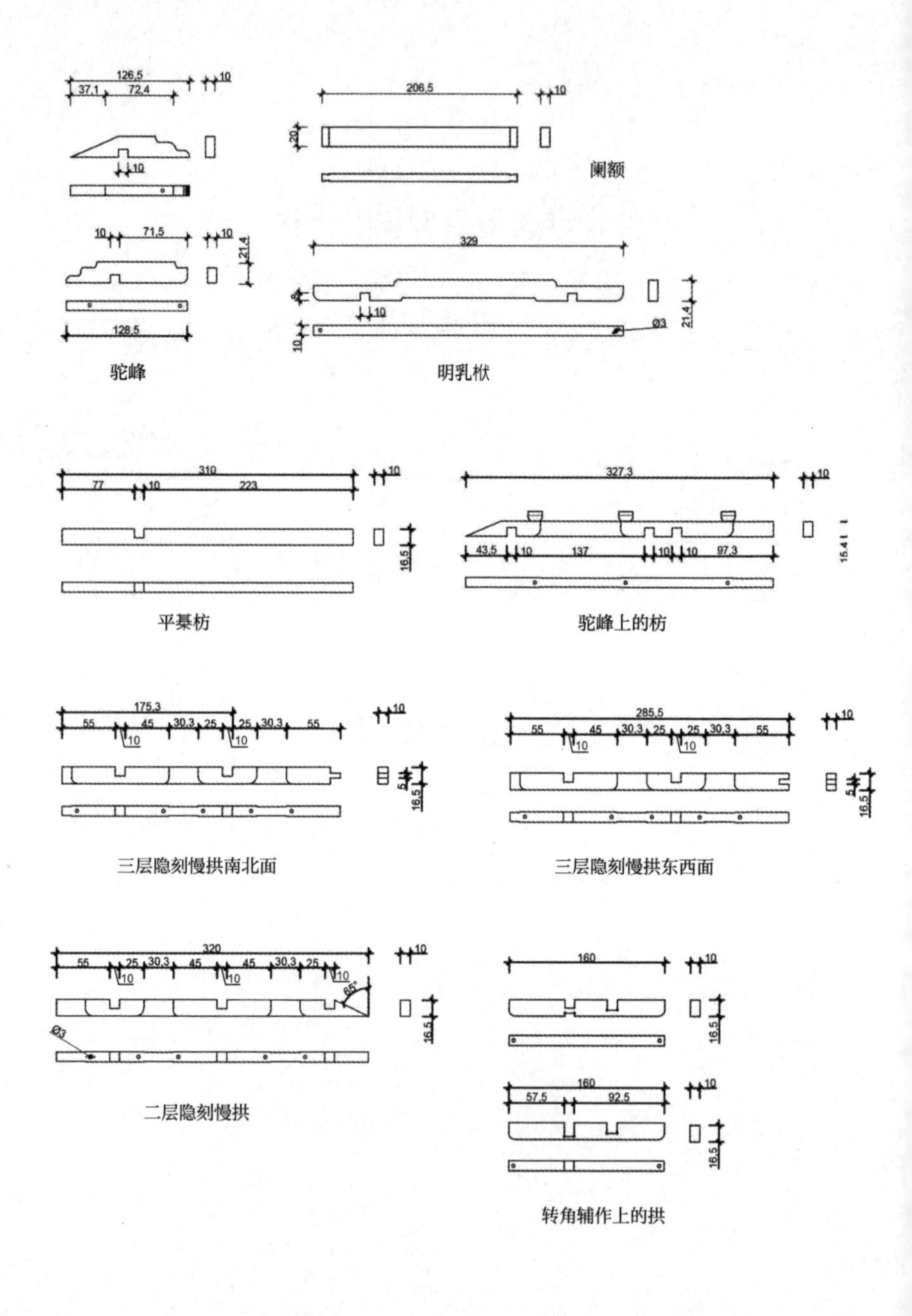
126,5
37,1
72,4
10
10
10
71,5
10
21,4
128,5
驼峰
206,5
10
20
阑额
329
8
10
Ø3
21,4
10
明乳栿
310
77
10
223
10
16,5
平綦枋
327,3
10
43,5
10
137
10
10
97,3
15,4
驼峰上的枋
175,3
55
45
30,3
25
25
30,3
55
10
10
10
5
16,5
三层隐刻慢拱南北面
285,5
55
45
30,3
25
25
30,3
55
10
10
10
5
16,5
三层隐刻慢拱东西面
320
55
25
30,3
45
45
30,3
25
10
10
10
10
65°
16,5
Ø3
二层隐刻慢拱
160
10
16,5
160
57,5
92,5
10
16,5
转角辅作上的拱

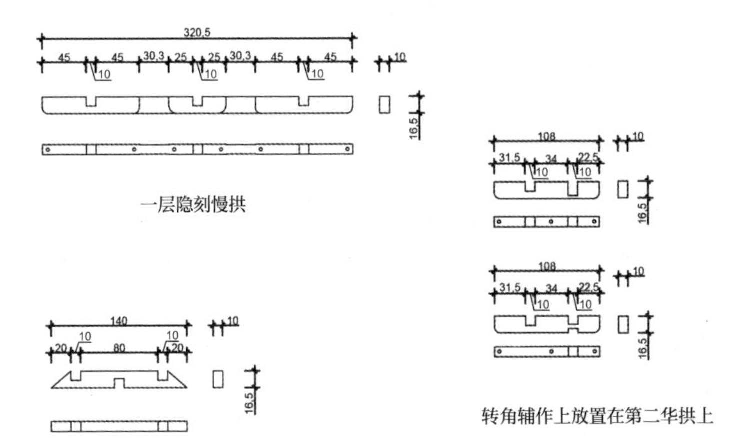

一层隐刻慢拱

转角辅作上放置在第二华拱上

补间辅作上放在两跳华拱上

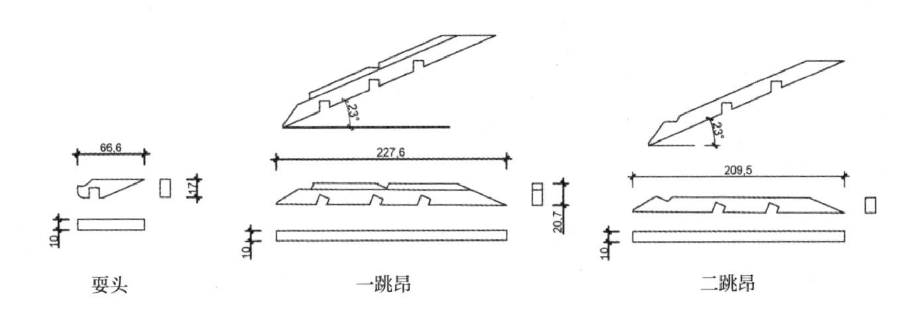

耍头

一跳昂

二跳昂

参考文献

[1] 侯幼彬，李婉贞．中国古代建筑历史图说 [M]. 北京：中国建筑工业出版社，2019.

[2] 郎世奇．建筑模型设计与制作：第三版 [M]. 北京：中国建筑工业出版社，2013.

[3] 建筑知识编辑部．易学易用建筑模型制作手册 [M]. 金静，朱轶伦，译．上海：上海科学技术出版社，2015.

[4] 卢峰，黄海静，龙灏．以学生为中心的建筑学创新人才培养模式探索 [J]. 当代建筑，2020（4）: 114–117.

[5] 卢峰．当前我国建筑学专业教育的机遇与挑战 [J]. 西部人居环境学刊，2015，30（6）: 28–31.

[6] 卢峰，黄海静，龙灏．开放式教学——建筑学教育模式与方法的转变 [J]. 新建筑，2017（3）: 44–49.

[7] 杨黎黎，王艺芳，梁树英．转型背景下西部高校设计类实验特色探究 [J]. 高等建筑教育，2019，28（4）: 103–108.

[8] 杨黎黎，邬华宇．践行实作　突破传统——探索高校实践教学模式改革 [J]. 高等建筑教育，2020，29（3）: 152–158.

[9] 胡冀现．高职建筑设计教学中建筑模型的运用 [J]. 东京文学，2020（2）: 137–138.

[10] 建筑色・材趋势研究组．色・材 [M]. 北京：中国建筑工业出版社，2017.

[11] 阳海辉．地下建筑空间设计手法和要素初探 [J]. 山西建筑，2014，23（40）: 15–16.

[12] 唐枫．建筑模型设计思维与制作 [J]. 高教研究，2013（2）: 33–34.

[13] 刘广珑．数字光源在展示设计中的应用研究 [D]. 南京：航空航天大学，2017.

[14] 沃尔夫冈・科诺，马丁・黑辛格尔．建筑模型制作模型思路的激发：第二版 [M]. 王婧，译．大连：大连理工大学出版社，2007.

[15] 远藤义则．建筑模型制作 [M]. 朱波，李娇，夏霖，等，译．北京：中国青年出版社，2013.

[16] 尼克・邓恩．建筑模型制作 [M]. 费腾，译．北京：中国建筑工业出版社，2011.

[17] 英国 DK 出版社．木工全书 [M]. 张亦斌，李文一，译．北京：北京科学技术出版社，2014.

[18] 理查德・拉凡．木旋全书 [M]. 吴晓芸，余韬，译．北京：北京科学技术出版社，2016.

[19] 周铁军，王雪松．高技术建筑 [M]. 北京：中国建筑工业出版社，2009.

[20] 刘建荣，翁季，孙雁．建筑构造（下册）: 第五版 [M]. 北京：中国建筑工业出版社，2013.